JN233665

シリーズ〈データの科学〉1

データの科学

林 知己夫 著

朝倉書店

刊行のことば

　データ解析というとデータハンドリングを思い浮かべる人が多い．つまり，それはデータを操って何かを取り出す単なる職人的な仕事という意味を含んでいる．データ科学もその一種だろうと思う人もいる．確かに，通常のデータ解析の本やデータマイニングの本をみると正にデータハンドリングにすぎないものが多い．

　しかし，ここでいう「データの科学」（または「データ科学」）はそうではない．データによって現象を理解することを狙うものである．データの科学はデータという道具を使って現象を解明する方法論・方法・理論を講究する学問である．単なる数式やモデルづくり，コンピュータソフトではない．データをどうとり，どう分析して，知見を得つつ現象を解明するかということに関与するすべてのものを含んでいるのである．科学とデータの関係が永遠であるように，データの科学は陳腐化することのない，常に発展し続ける学問である．

　データの科学はこのように絶えず発展しているので，これを本としてまとめ上げるのは難しい．どこか不満足は残るがやむをえない．本シリーズの執筆者はデータの科学を日々体験している研究者である．こうしたなかから，何が今日の読者に対して必要か，それぞれの業務や研究に示唆を与え得るかという観点からまとめ上げたものである．具体例が多いのは体験し自信のあるもののみを述べたものだからである．右から左へその方法を同じ現象にあてはめ得る実用書のようなものを期待されたら，そのことがすでにデータの科学に反しているのである．「いま自分はどう考えて仕事を進めたらよいか」という課題は，いわば闇の中でその出口を探そうとするようなもので，本シリーズの書は，そのときの手に持った照明燈のようなものであると思っていただきたい．体験し，実行し，出口を見いだし，成果を上げるのは読者自身なのである．

シリーズ監修者
林　知己夫

序にかえて

　科学といえば，厳密な理論構成，しっかりした測定に基づく意味のある定数の決定，それに基づく的確な予測，ということが一般の人々の心にいだく精密科学（exact science）の粋であろう．これが不可能のときは理論式とそれに含まれるパラメータをデータから決定するというふうになってくる．理論式がうまくたたない場合は，モデル構成・パラメータの決定ということになる．精密科学とは大分離れてくるが，これでもうまくいかない現象はいくらもある．しかし，ここまでは一応伝統的な科学の範疇に入るものである．

　データをとるとり方が難しい，とれたデータが不確定な要素をもってくるという現象に対しては，伝統的科学では手がつけにくくなる．ここに従来の統計学の方法の上に確率を勝義に活用して新しい統計学（今後，単に統計学という）が生まれた．新しいといっても約80年も前のことである．データをどうとるかという実験計画法とその解析という形で，データをとることの重要性が強調された．この統計学が発展し，不確実性をもつデータの取り扱いが解析できるようになり，これまでの科学で取り扱うことのできなかった広い範囲のものがわかるようになってきた．多くの人々に驚異さえ与えたのである．「科学で取り扱えなかったこと」が「統計でわかる」ようになったということで，目の前が開けたような感じを与えたのであろう．標本調査法が生まれ，科学的に無から有を紡ぎ出すような気持を与えた．

　統計学は発達し，次第に形式化され，数理的に精密化されるに従って現実の必要性（要望）から遊離し始め形骸化し始めた．これを打破するために，現象のモデル化（統計的モデル化）の考え方がさかんになり始めたが，モデル化すらできない，あるいはモデル化したらその本質が失われるという現象にまで，これが浸透し始めた．伝統科学への憧憬がこうした傾向を助長しているのであろう．ここでは，データは「そこにある」ものとして取り扱われ，データをとることが軽視されるか，決まったモデルに沿ってデータをとることが妥当な目

的達成のための方法という「本質をゆがめる」ようなことも現れてきた．新しい科学の発見に寄与する統計学という考え方が希薄になってきた．

一方，コンピュータの発展・普及に伴い，複雑な計算が容易になり，かつて，統計学で応用のないまま放っておかれた多変量解析の実用化，さらに広く多次元データ解析の方法の活用がさかんになり，従来の線の上で発展してきた統計学の埒外で複雑な現象に対して「データ解析」の方法が珍重されてきた．しかし，ここでもデータは「そこにあるもの」として，データをとることが無視されているのである．本来の現象解析という立場から見ると最も重要な「データをとる方法」が軽視されているところが新しい方法開発の障害となっているのである．

私は，現象解析はいかにあるべきか，をこれまで追究してきた．取り扱う対象が主として社会・人文科学，医学，生態学であったため，データをとることの重要性は肝に銘じていた．「そのための計画・工夫は重要な一つの柱であってこれなくしてはデータの分析はない」，「また分析に当たっても，こみいった複雑な関連性をもち（単に複雑という：モデル化できるようなものではない），曖昧な性格や構造をもつ（単に曖昧なという）データをいかに取り扱って情報を取り出していくかという方法論，戦略が不可欠となる」という思いを強くもっていた．

そこで，それを解決すべく「調査の科学」というものを考えたが，不徹定の感を免れなかった．そこで，統計数理を土台とする「データの科学」を構想するに至った．「データによって現象を理解する」ということを標榜し，このために必要なあらゆる学問，知識・知見を動員することを考えてきた．もちろん，これは私の強く関与する複雑で曖昧な現象解明を取り扱いつつでき上がってきたものである．本書もこれを主題に書いているのはいうまでもない．この内容については本文の第2章に述べてあるのでここでは繰り返さないが，データとは何か，データをどう取得するか，この性格に基づいてどう分析して知見を取り出してくるか（主体的には知慧の取得──これは伝達不可能──，客観的には知識の蓄積──伝達可能で提供できるもの──となる）が中心となる．この主題を中心にして本書を構成するが，第1章の哲学的立場とともに，これまで個別的に述べてきた諸方法を包含するものとなるので，それを含めて書けばその量は膨大なものになりすぎる．そこで，本書を書き進める上で，文脈上不可

欠のものは修正し再録するが，その他の細かい方法論は，既刊の書を参照していただくことにする．すなわち，本書の構成の流れのため項目は設けるが，参照個所を記載し，内容は当該書物に譲ることにした．これを以下に示す．なお，これらがどのような内容をもっているかは，付録の文献解題を参照されたい．

『数量化の方法』，東洋経済新報社，1974
『数量化―理論と方法』，朝倉書店，1993
『行動計量学序説』，朝倉書店，1993
『日本らしさの構造』，東洋経済新報社，1995
『社会調査と数量化（増補版）』，鈴木達三と共著，岩波書店，1997
『標本調査法』，鈴木達三・高橋宏一著，朝倉書店，1998
『森林野生動物調査』，森林野生動物研究会編，共立出版，1997
『日本人の国民性研究』，南窓社，2001
『社会調査ハンドブック』，朝倉書店，2002

ここに書かれている具体的方法は今日でも変わりがない．ただし，古い『数量化の方法』のなかの現象解析の方法論については今日の私の考えと異なるところがあるが，数量化の考え方や確率論に関する個所は変化はない．

本シリーズでも，「データ科学」，「データの科学」という言葉が混同している．私はいずれでもよいと思うが，いわゆる「実験計画法」(experimental design) が「実験の計画法」のごく一部のテクニカルタームとしての特異な方法を指すことになっていることに鑑み，「の」を入れたいと思っている．実験計画法はある特種な現象に対して意味をもつものとなっており，今日では形骸化して「実験の計画法」とほど遠いものになっている．実験の計画法は「実験」を行うに当たってきわめて基本的で重要なものであるが，この統計的立場に立つ組織的な議論は非常に少ない．

この点に思いをいたし，「データ科学」が一つのテクニカルタームとして一つの方法に限定されることを恐れて，あえて「データの科学」と「の」を入れて一般化しているのである．これは私個人の「思い」であって，本書で「データ科学」と使われていても，今日の状況では一向にさしつかえはない．

最後に，データの科学は，データの一つ一つを大事にし，データの質を検討し，見抜き，その質に応じて考えを進め，「データによって現象を理解できる」

という情熱と信念をもち，科学的良心の下に沈思黙考して，その理念，方法論，方法，理論を実践のまにまに毅然として築き上げていくところに成り立つものであることを述べておきたい．データの科学の文脈において，少なくとも私はデータからデータへと移りながら知慧が高まることに最大の関心をもつとともに，多くのポテンシャルを高めつつ，データに関与する方法論や方法・理論の開発にもまた大きな関心を寄せているものである．

　上述の意味で本書は体験の書であり，それ以外のことは書いていない．したがって各種の方法の説明の書ではない．データを取り扱う「思想」と「こころ」を今考えている科学方法論と交差させながら書いたものである．本書を，それなりに活用していただければ幸いである．ここまで至ったのは，各方面の多くの同僚・後輩の方々との共同研究にあずかるところが多い．深く感謝するとともに，そのなかで私のよき理解者であり，後輩でありながら早く亡くなられた石田正次氏，水野欽司氏の霊に本書を捧げたいと思う．

　2001年4月吉日

林　知己夫

　追記：本書を草するに当たり，かつて書いた『調査の科学』（講談社ブルーバックス，1984）を土台として書き直そうと思った．しかし読み直してみるとこれはこれで一つの統一のとれた作品であり，また用いられているデータも今日的意義のないものも含まれており，今さら抜き出して加工できるようなものでないことがわかった．この内容については不徹底のところはあるものの，それなりに現在の私も満足しているが，残念ながら絶版である．本書はこの発展であり，トーンは同じであり関連するところも多いので，機会があれば図書館か古本屋で見ていただければ幸いである．（その書のはじめの部分を一部修正して「あとがき」として再録した．）

目　　次

序にかえて …………………………………………………………………ⅰ

1. 科学方法論としてのデータの科学 …………………………………1
1.1 科学とは何か …………………………………………………1
1.2 データの科学の理念 …………………………………………5
1.3 データの科学の戦略 …………………………………………16

2. データをとること――計画 (design) と実施 (collection) ………21
2.1 調査対象集団 (U), 母集団 (P), 標本 (S) ……………………21
2.2 確率論と統計の意味 …………………………………………25
2.2.1 試行を根底においた確率の数学的定義 ……………26
2.2.2 統計の意味 ………………………………………………31
2.3 データをとる基本としての標本調査法 ……………………32
2.4 データの科学の立場から調査対象集団をどうとるか ……33
2.5 社会調査実施の諸方法 ………………………………………41
2.6 社会調査のさまざまな形 ……………………………………42
2.7 測定論――その1 ……………………………………………43
2.7.1 一般的考察 ………………………………………………43
2.7.2 測定する諸方法 …………………………………………45
2.7.3 質問文作成の視点1 ……………………………………45
2.7.4 質問文作成の視点2――意外性のある質問の効用 …46
2.7.5 おはじきによる回答をとる ……………………………51
2.8 測定論――その2 ……………………………………………53
2.8.1 調査不能（ノンレスポンス）の評価 …………………53

2.8.2　回答変動（ばらつき） ……………………………………60

3. データを分析すること──質の検討，簡単な統計量分析からデータの構造発見へ ……………………………………………63
3.1　個票を読むことの重要性 ………………………………………63
3.2　データの質の評価 ………………………………………………71
　　3.2.1　個票のチェック ……………………………………………71
　　3.2.2　調査における誤差 …………………………………………74
3.3　集団の分割と集団の合併 ………………………………………82
　　3.3.1　集団の分割 …………………………………………………83
　　3.3.2　集団の合併 …………………………………………………94
3.4　統計学における諸方法再考 ……………………………………99
3.5　グラフ化の重要性 ……………………………………………104
3.6　単純集計と構造分析 …………………………………………105
3.7　多次元データ解析 ……………………………………………105
　　3.7.1　多変量解析 ………………………………………………106
　　3.7.2　多次元データ解析 ………………………………………108

おわりに──因果関係論 ……………………………………………113
あとがき …………………………………………………………………117
付　　録──文献解題 …………………………………………………121
索　　引 …………………………………………………………………129

1

科学方法論としてのデータの科学

1.1 科学とは何か

　科学は，比較的に単純で，比較的に難しい事象に対する解明の手段として大いに発達した．いわゆる物理学に代表される精密科学で，このことは「序にかえて」で言及した．この方法の明解さは諸科学の憧憬の的になり，この方法をなぞることが「科学的」という印象を与えている．こうした物理学の初期には，取り扱う対象のせいか，測定と理論とに対する哲学的思考はあえて必要としないほど，常識的であり鮮明であった．しかし，相対性理論や量子論に至り，測定の意味が深刻に考えられるようになると，理論構成とともに哲学的考察が必要となったことは周知のことで，この種の書物は山のようにあり，諸論紛々，今さらここに繰り返すまでもない．

　物理学以外の領域では，一部旧来の精密科学ではなしに複雑なものを取り扱う方法が考えられているが，大勢は旧来の物理学の敷いたレールの上を走ることが「科学的」と考えられ，理論・モデルが先行し，データからパラメータを推定する考え方が当用されている．しかし，これは精密科学にやや近いマクロな現象に対しては有効であるが，複雑で曖昧な（言葉の意味は「序にかえて」を参照）現象に対しては見当外れの結果を導くことになる．この点に関しては次節で述べることにしよう．

　一方，あまりにも複雑な現象を最初に取り扱おうとすると難しすぎて科学では手のつけようがなくなってしまう．人間や社会を総合的に理解しようと努めるとなると，科学ではなく，哲学やイデオロギーに頼ることが多いが，進歩はきわめて遅く行きつ戻りつの姿を見せている．

科学における方法論をわれわれの取り扱う現象をも含めて一般的な形で述べておこう．まず，「操作的」ということがあげられる．データは実験・調査によって得られるもので，その方法，つまり実験の計画・方法，調査の計画・実施の方法，によって得られるもので，その性格はその方法に依存しているということをはっきり見極めておくことである．「序にかえて」で述べたように，今日の統計学においては，この点が軽視されており，データは数の集まり，測定結果の集合とみなして，データを探しているというきらいがある．しかし，現象を科学的に知ろうとするとき測定をいかにするかが原点である．

次に，「論理的」ということがあげられる．論理的の「論理」とは何か，という点も認識を新たにする必要がある．科学においては形式論理がその主流である．これが客観的な知見を伝達可能とするのである．形式論理以外で科学において用いられるのが確率による論理である．これを形式論理で書き上げるのは難しい．またファジー論理などもこれに準ずるものであろう．

なお，論理はこればかりではなく，さまざまのレベルがあること，形式論理では取り扱えない論理もあることは忘れるべきではない．しかしこれらは，数学の基礎づけに用いられることはあっても，データと対決を迫られる科学においては用いられることはない．

次に，科学の理論は現実に合致しない限り意味はない．常に現実（つまり操作によって現前される）と合うということが不可欠のことである．合うというより妥当するといった方がよい．これは現実の問題解決における肝要性と言い換えてもよい．科学においては，空理・空論は許されないということである．

また，科学は測定に根ざす以上，限られた現象を取り扱うことになる．測定は有限な手段に基づくもので，これは現象全般のある切り口（面だけでなく立体的・多次元的なものであるので，このように表現しておく）を意味するものである．この切り口について科学的に研究することがわれわれ人間にとって肝要である，という点は考慮されなければならない．切り口の作り方は限りなく存在しようが，このなかから肝要なものを作ることをまず考えることが大事なのである．作られたいろいろな「切り口」の総合が新しい知見を生むことになれば，さらに豊かな科学的研究ということになる．この切り口の作り方は過去の「経験」と知識の「ポテンシャル」とものを見通す「洞察力」「知慧」を必要とすることになろう．いずれにせよ，こうした切り口について科学の方法を

用い，知見を得ることになるわけである．

さて，科学の過去の蓄積は一つのルールと考えられるものである．このルールに従わなければ科学は成立しない．ルールである以上，これを超えた立場から変えるという観点もあることを見逃してはならない．ルール違反ではなく別の見方をするということである．ニュートン物理学をある範囲内で認めつつ，相対性理論や量子論が出てきたことを想起すればよい．つまり，「格に入って格を生ずる」と表現してもよかろうか．

科学においては，因果関係の追究はとりあえず大事であるといっておこう．これは比較的に単純で比較的に複雑な現象を取り扱っていたときには明解にこれを把握できた．もう少し複雑な現象になると多少怪しくなるが「因果関係」らしいものを見いだすことができた．（これについては因果関係について論じた「おわりに」で述べることにする．）しかし，大変複雑で曖昧な現象に対してはどう工夫しても文字通りの「因果関係」は，はっきりしなくなる．このことについてどう考えるかは，次節の「データの科学の理念」で，述べることにする．

因果関係を明らかにしようとする態度は，現代の科学のミクロ化につながっている．科学における分化の不毛性を指摘し，総合を念頭に入れることの重要性が叫ばれてからもう40年以上も経過している．しかし，次第次第にミクロ化（分化にも通じる）の傾向が激しくなってきている．生物の領域においてはついに遺伝子にまで到達したが，研究が深まればさらにミクロ化されるだろう．これは，因果関係を明確にしようとするために切り口を次第に限定するからにほかならない．次第に一方向的にミクロ化すると，現象の本質を探るという総合的見地に立ってもとへ戻す（マクロの現象を予測する）ことが困難あるいは不可能になる（あるいは意味をなさない）のではないかと思われる．ミクロ化は一方通行で進んで行くが，逆を見ると一対多の情報しか得られていない（つまり原因と結果を取り違えてしまう）という不毛性を感じる．ある面で成功してきた従来の科学的方法が，適用するにふさわしくない現象に適用しようとするあまりに犯している誤った方向ではないかと思われる．この点に関しては多くの異論はあろうが，私は人間行動や動物行動を遺伝子あるいは分子の動きから因果論的に解明しようとする考え方は毛頭もっていないし，マクロをマクロなりに取り扱う立場の必要性と重要性とをより強く主張したいのである．

科学における仮説-検証という方法は精密科学においてはあえて意識する必要がないほど明らかであり，それに類した領域でも当然のことである．ここでいいたいのは，本書で述べるような曖昧で複雑な現象に対しては無力であるということである．仮説は常識であれば検証されてもどうということはなく，わかったところで新しい知見とならない．つまり魅力がなく面白くないのである．新しい発見が得られないのである．当たり前のことでもデータで示さなければ満足しないような世界の考え方である．われわれはこの立場でなく，今までわからなかったことを発見しようとする——仮説発見的——立場であり，われわれの道具（データの科学の考え方や方法）を用いて現象を探索していこうとするのである．確実な割り切った知見は得られないが，これを繰り返す過程を通じて，知恵や知識が得られてくるのである．こうした科学の方法が存在するといいたいのである．

　さて，科学で得られる知識は，比喩的にいえばデータの平均値であり構造である．個々のデータにはばらつきがありそれぞれの性格があるが，こうした個別的特性（個性）を捨象したなかに見える知見ということができる．つまり，個というデータを取り扱い，その個性を捨象した個というデータのよってきたる集団構造や個から積み上がってくる集団特性を明らかにしようとするものである．これが科学であるから，その結果を個々のものに適用しても必ずしも合致しない．結果を個に還元するときにそれに確率的表現をもってすることになる．これが個と集団の一つの関係である．

　科学的方法は，いかにデータをとるデザインをたて，いかに実際にデータをとり，それをどう分析するか，という過程に要約されるが，この実行の仕方に，科学諸分野においてさまざまな方法が作られているわけである．これが科学的方法論の内容となっているのである．私のいうデータの科学で取り扱う範囲は第2章に述べる通りである．

　おわりに科学と科学者の関係について少し触れておこう．科学はさきに述べたような論理に基づくものであるが，これを作るのは科学者という人間であり，科学者という人間は，時に形式論理を超えた論理で考えや直観や情緒をもって研究し科学を作っているのである．この意味で「科学」とそれを作る科学者は常に形式論理でのみ生きているとは限らないという点を，蛇足ながら付け

加えておこう．

1.2 データの科学の理念

　複雑・曖昧な現象を科学的に通り扱うに当たっては従来の統計学の方法では正鵠を得た姿が見えてこない．これを含むさらに大きな研究戦略を必要とする．これは，「理論」によってではなく「データ」によって現象を理解しようとする立場である．

　古典的な調査というのは仮説-検証の考えに基づく方法である．この方法を用いるとある程度のところまでは順調に現象の分析ができ上がり，仮説の範囲内のことはわかるが，いかにも当たり前で面白くなく新しい発見が出てこないということを痛感していた．調査というものの限界を感じていたのであるが，従来のものとは傾向の異なった新しい現象の解明というものにぶつかり，苦心してみると新しい方法論が考えられ，これを調査の科学と名づけ研究を進めてきた．これは改めて調査の原点に立ち戻って考え直すということに尽きるのである．

　このようにして十数年来，調査の科学ということを考え，社会調査による現象の理解を考えてきた．従来の見方と異なった見方で調査を作り上げていくという行き方で，これまでの方法では見えてこなかったものが見えてきたということである．しかし，これにも限界が見えてきた．そこで，さらに高い・広い立場で考えなくてはいけないということで，今度は再び統計学の原点に戻って考え直し，新しいものの見方をしようと試みたのである．われわれの考える根源はデータそのものであり，データを中心に据えてものを見ていこうとするものである．これがデータの科学の根本理念である．

　単にこれまでにあるものをまとめ整理するという理念，考え方は，私のとるところではない．そうではなく，今後の方法論・方法・理論を発展させる支柱になるものを探り，その発展が進み，視点が高まり新しい地平線が見えてくると同時に内容が多彩になればなるほど望ましいという考え方を提唱したいのである（これを発展的思想と名づける）．

　データの科学というのは，データによって現象を理解するというものである．「理解する」という言葉の方が好きであるが，それはどうも主観的すぎるということであれば，現象を「解明する」という表現を使ってもよい．この方

が一般的であるが，気持としては，データにより現象を理解するといった方が情熱が伝わる．さらにこれは，「データ」を通して何が見えてくるかを追求することも含むものである．理論によって現象を理解しようとするのではなく，「データ」（これを得るために蓄積された科学的知識のみならず，あらゆる知識，知慧をポテンシャルとしてフレキシブルに活用することになるのである）によって理解しようとする立場である．これではまだ，データの科学（data science, DS）の位置づけが，はっきりしないので，科学方法論と広義の統計的方法との関連性のなかに位置づけて考察してみよう．図1.1を参照してほしい．科学は前述のように比較的に単純で比較的に複雑な現象を対象にして大いに発展し，科学的方法論が確立していった．これが物理学に代表される精密科学（exact science）といわれるものであり，この方法が精密科学に近い領域に多く活用され成果を上げてきた．この考え方がいわゆる"科学"という観念を植えつけた．しかし，複雑な現象はこれでは取り扱えない．ここに新しい方法として統計学，統計的方法が発展してきた．exact science的な考え方では取り扱えないものを取り扱う科学的方法である．これが記述統計学となり，確率を導入してinferenceを中核とする数理統計学になる．数理統計学が確立されると方法の数学化，精密化に進むのが一方向であり，もう一方にはいわゆる伝統的科学方法を志向し，理論に対する仮説-検証，モデル化，統計的モデル化を指向し，モデル選択の理論が生じ，伝統的科学方法論のにおいが強くなる．統計学の原点を離れた逆戻りの傾向を示してきた．精密科学およびその周辺やモデル化は，"理論による現象理解"という科学観（像）になる．ここでは，理論やモデルが大事で，データはそれを確かめるためのいわば手段に過ぎないのである．これが高じると，データ棄却の誘惑にかられ統計的方法の陥穽におちいる．複雑で曖昧な現象を取り扱うとなると統計学の原点に帰り，データによる現象理解に徹せざるをえなくなる．データをどうとり，どう分析するかが中心となる．データそのものがハードとなる．分析に重みがかかるとデータ解析・分類という方法論になり，これだけでは不十分となると，データの科学となる．この内容については以下に述べるが，統計学の原点に戻り，データによる現象理解，データにより何が見えてくるかという発想が大事となる．データを盲信せず，その由来をたずね，徹底した操作的立場からデータを見ていくのである．このために蓄積された科学的知識のみならず，あらゆる知識，知

1.2 データの科学の理念　　7

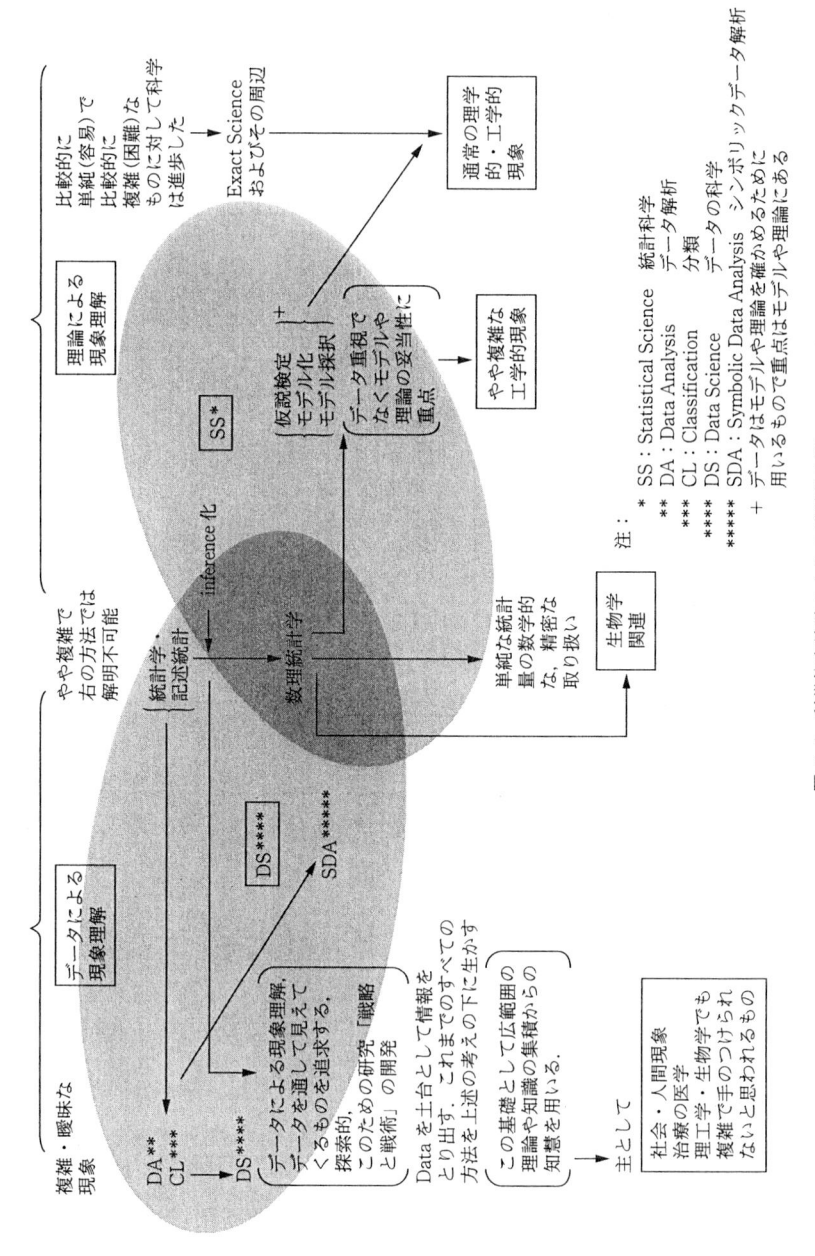

図 1.1　科学的方法論のなかの統計的方法

注：
* SS : Statistical Science　統計科学
** DA : Data Analysis　データ解析
*** CL : Classification　分類
**** DS : Data Science　データの科学
***** SDA : Symbolic Data Analysis　シンボリックデータ解析
+ データはモデルや理論を確かめるために用いるもので重点はモデルや理論にある

```
┌─────────────────────────────────────┐
│           調査の科学                 │
│    社会調査による社会現象の解明      │
│                                     │
│      データの科学（Data Science）    │
│   データにより現象を解明する，あるいは│
│        理解することを志向する        │
│                                     │
│  データの科学は調査の科学を包含する概念である │
└─────────────────────────────────────┘
```

図 1.2 調査の科学とデータの科学

慧をポテンシャルとして活用することになるのである．図 1.1 で右の方が統計科学（statistical science, SS）であり，左の方がデータの科学（DS）に相当するものであり，統計学における分化が理解されよう（詳しくは図 1.1 をじっくり追っていただきたい）．

「データの科学は調査の科学を包含する概念である」．こういうふうにとらえるわけである．つまり，調査の科学を超えて，データによってものを理解する（"データによる現象理解"）という形になるわけである（図 1.2）．

「データの科学は，統計学，データ解析，分類，その他の関連する諸方法を統括する概念」である．統計学を当然含み，データの解析，あるいは分類その他の方法を包含する一つの概念である．

このようなことをいわなくても，それは統計学そのものなのではないかと考えることもできる．しかし，学問が発達すると，概念の固定化が進み，その枠内でしかものが考えられなくなる．統計学もその例外ではない．統計学の概念では考えの枠組が固定してしまって新しいものが見えなくなって，行き詰まってしまうということがある．昔の統計学でも出発点ではこのように思考したと思われるが，科学の分化というものが起こり，原点が忘れられてしまうという落とし穴がある．だんだん専門化すると同時にものが見えなくなるわけである．ここで沈滞が生じ，そして，ここに新しい見方が必要となる．ということで，統計学で見えなかった部分が，データ解析という点で新しく見えてきたのである．これを広く考えれば，データ解析も統計学ではないかということになる．

しかしながら，統計学の概念のなかからは，データ解析や分類の概念は生まれてこなかったのが現実である．でき上がってみれば，統計学の一部分であ

1.2 データの科学の理念

```
データの科学は
統計学，データ解析，分類，その
他の関連する諸方法を統括する概
念

概念は諸方法を発展させる性格を
もつことが大事である
いわば前向きの性格をもつ
```

図 1.3 データの科学の概念

る．つまり，後ろ向きになれば全部包括できるのであるが，そうではない．前向きに見たときに，二つはやはり違った発生経緯をもっているわけである．そういう意味で，それを統括する概念というのが，必要であったことになる．比喩的にいえば，ヘリコプターで飛び上がって壁を越えるのが不可欠のことであったのである．このデータ解析も行き詰まってきた．ここに新しい概念が必要となった．

「概念は諸方法を発展させる性格をもつことが大事である．いわば前向きの性格をもつ」(図 1.3)．つまり，新しい概念あるいは方法というものは，それができ上がったときに，それをもとにいろいろな事象がわかってくる，あるいは方法自身が発展できるような概念をもってこなければならない．概念が悪ければ，すぐ陳腐化してしまうのである．これは，科学のいろいろな部面を見るとすぐわかるが，下手な概念をもってくると 10 年続かない．もっと悪ければ 2〜3 年で終わってしまう．

このようなわけで，新しい方法や理論を発展させる概念が，科学に対する一つのいい概念であると考えてよい．前向きの性格をもつことが大事である．概念は，すべてを後ろ向きの性格で統括するものではなく，これをもとに，データに関する新しい方法や実際の科学を発展させるというところが大事な性格である．

複雑で曖昧な現象は，従来の仮説-検証，モデル，統計的モデルでは取り扱うことができない．できると考えたら，妥当性を欠き見当違いのものになる．複雑で曖昧な現象は，従来の考え方で解析できるものではない．素直にものを見る目を失ってはならないのである．つまり，複雑で曖昧な現象を扱うには，扱い方が違うのだということをはっきり意識する必要がある．曖昧なものを曖

```
複雑で曖昧な現象は，従来の
            仮説 - 検証
            モデル
            統計的モデル
では取り扱うことができない
できると考えたら妥当性を欠き，見当違いのものになる

データの科学は
複雑で曖昧な現象を取り扱う科学である
いきおい，探索的な性格をもつ
```

図 1.4　データの科学の特色

```
データの科学は
その「方法論的・方法的・理論的」成果はもとより
それらを紡ぎ出すまでに関与するすべての過程を
包含するものである

それはまた，取り扱い，理解しようとした現象に
関する成果をも視野に入れる
```

図 1.5　データの科学の内容

昧に表現するから厳密なのである．曖昧なものを厳密に表現するならば，それは虚構である．そういう考え方が大事である．

　こうした点からも，前述のデータの科学という概念が生まれてきた．「データの科学は，複雑で曖昧な現象を取り扱う科学である．いきおい探索的な性格をもつ」．探りながらものを理解しようというわけである（図1.4）．

　データの科学は，その「方法論的・方法的・理論的」成果はもとより，それらを紡ぎ出すまでに関与するすべての過程を包含するものである．つまり，理屈だけではないのである．現象を解明するソフトの問題を全部含んでいる．どう考えたらいいかという考えの方法まで全部含むものである．「それはまた，取り扱い，理解しようとした現象に関する成果をも視野に入れる」ということは，そういうふうにして現象を取り扱った場合，それが方法論だけの成果ではなくて，取り扱った現象においても，当該分野に実質的な成果をもたらすものでなくてはならない，その成果をもたらすことに喜びを感じることである．こう考えるわけである（図1.5）．このようなことであるから，データの科学は冷たい性格ではなくて，きわめて温かい性格をもっているということができ

三つの相

・どのようなデザインでデータをとるか

・どのようにしてデータを収集するか

・どのようにしてデータに基づいて分析を行うか

図 1.6　研究の三つの相

る．

　図 1.6 の三つの相は当然のことであるが，どのようなデータデザインでデータをとるか，たとえば意識の国際比較調査ならば，どのように計画を立てたらいいだろうか，ということも含むものである．それから，どのようにデータを集めるか．集めることなどただの仕事と思われがちであるが，実はそうではない．集め方によってデータの性格が変わるからである．つまり，自分はデータのデザインをしただけだ，だからデータを収集する仕方は知らない，という考え方ではないのである．デザインは収集までも気を使わなければ，データというものの性格はわからないので，データによって現象は解明できるものではない．あらゆる段階において気を配るところに方法がある．つまり，データ収集というものは単なる肉体労働ではない．きわめて高度な知的努力を要する仕事なのである．そうしなければ，データの評価ができない．評価ができなければ，分析して高度な結果を出すことはできないわけである．

　その次が，どのようにしてデータに基づいて分析を行うか．これは分析の問題である．これはデータのなかに隠れた思わぬ性質があるのでそれを探り出さねばならない．結論としていえば，単純な集計のなかにすべての情報は含まれている，というふうに考えている．しかし，いくら単純な集計を眺めていても，その意味をくみ取ることはできない．そのために高度の分析を必要とする．それをしながら帰るところは，結局のところ単純な集計のパターンであるが，それがどういう形で現れているか，そのなかに現れるものを分析して取り出すということを考えねばならないのである．

　以上のような三つの相がある．それらが，どういうふうにして実際の問題において，データとして表現され関連づけられてくるかということを一つの例示として説明しよう．

```
┌─────────────────────────────────────────────────────┐
│   複雑・曖昧な現象をデータの科学として取り扱う探索的戦略    │
│                逐次近似の考え方                       │
│                                                     │
│          確実な（精密な）物差しはない                   │
│                     ↓                              │
│          一応の「あやふやな」物差しを作る               │
│                     ↓                              │
│          しっかりした調査法に基づいて測る               │
│                     ↓                              │
│    分析することにより「わかったこと」と「わからないこと」がわかる │
│                     ↓                              │
│        物差しのある点を変更し，新しいものを付加する       │
│                     ↓                              │
│          再び測る．このとき，測り方も研究する           │
│                     ↓                              │
│    変更したものともとのものとの比較，もとのものと新しいものとの │
│    関連性の比較である点がわかり，また新しい問題が出る     │
│                     ↓                              │
│          ここでまた新しい物差し作りに進む              │
│                     ↓                              │
│        この過程を繰り返すことで，螺旋的に研究が進む      │
│        このプロセスのうちに何らかの情報が獲得される      │
└─────────────────────────────────────────────────────┘
```

図 1.7　データ獲得の探索的戦略の一例

　まず，複雑で曖昧な現象をデータの科学として取り扱う探索的方法の一つの行き方である．そうした現象を計測する確実で精密な物差しは存在しない．「意識の国際比較」の例をあげよう．普通，比較ということは，正確な物差しがあって，それで測って比較するというのがオーソドックスな科学である．しかし意識の国際比較のような複雑な現象にはそういう物差しがない．なければどうするか．そのためには，まず一応あやふやな物差しを作る．物差しはあやふやであるが，しっかりした調査法に基づいて調査をする．そして測る．分析することによって，「わかったこと」と「わからないこと」がわかる．物差しのある点を変更し，新しいものを付加する．再び測る．このとき，測り方も研究する．変更したものと，もとのものとの比較を行う．もとのものと新しいものとの関連性の比較で，ある点がわかり，また新しい問題が出る．ここでまた新しい物差しを作り直す（図1.7）．

　この過程を繰り返すことで，螺旋的に研究が進む．このプロセスのうち，何らかの情報が獲得できる．こういう形である．

　したがって，調査でも1回限りでわかることはない．これを繰り返しやりな

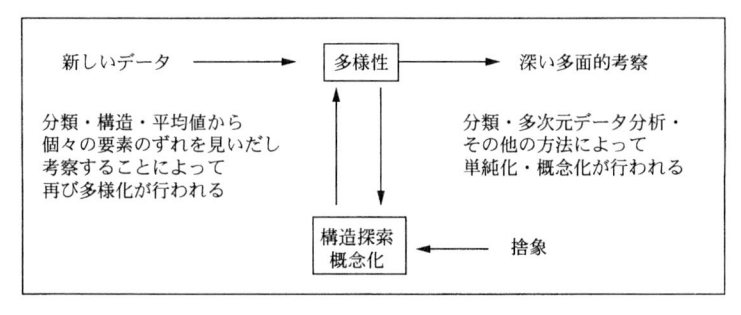

図 1.8 データの科学の研究戦略

がら進んでいくと次第に広い,深いことがわかってくる.1回の調査では,分析すると今までわかったと思っていたことが,実はわかっていなかったのだ,ということがわかってくることもある.そこが次の研究の出発点で,そういう考え方をとるということである.これは普通の科学と違うところである.通常,測るときは確実な物差しで測って,仮説を立てて検証するという形で積み上げていくのである.複雑・曖昧な対象は,そのようなものでわかるような現象ではない.データの科学は前述のようなアプローチの仕方をする考え方により,いわば逐次近似のプロセスの科学化である.国民性の国際比較などは比較可能性を求めてこうした形の研究が進んでいる(『社会調査と数量化』,『日本人の国民性研究』,『日本らしさの構造』を参照).

次は分析の段階である.図1.8に「多様性」と書いてある.多様性であるから,データは複雑である.そのため,データを見ても何を示しているかわからない.わからないから,それを単純化する.概念化,構造探索を行う.分類,多次元的データ分析,その他のものによって単純化,概念化を行う.ということで構造が見えてくる.構造が見えるということは,ある点が捨てられているということになる.

そこで終われば,ことは簡単であるが,そうではない.もとに戻さなければいけない.構造,分類,平均値から個々の要素のずれを見いだし,考察することによって再びわからなくなる.つまり,また多様化することになる.多様化したときに,また新しいデータが追加される必要があるとすれば追加をする.そうしたもののなかを,また単純化するという形で,常にもとに戻りながら研究が進むわけである.つまり,多様化と単純化を交互に行うことによって,現

象が見えてくるようにする，こういうことである．

　これを普通の例，医学を例にとって考えてみよう．医学というのは，これは図1.8の下の方の概念で一般化・平均値である．医学に基づいて，その公式通り診療されたら人間は苦しんでしまう．治療というものは，医学を基礎知識として個々別々の個人差に応じた治療をするのが本道で，これはさまざまである．一人一人によって治療というものは異ならなければいけない．いわば，治療の個性化，個別化というものが必要なのである．それが多様化のレベルなのである．このように治療というものは，図の上の行き方で多様化である．医学は，下の概念化である．治療の個別化のなかから医学が生まれてきたときに，それは構造であり，概念化になる．それで本当に医学のレベルが上がるのである．ところが，それで尽きないで，さらに越えて人々の治療は多様化していく．再度の多様化に対応するわけである．

　つまり，概念化ということが大事である．一人一人みんな違うというならば，学問は成り立たない．科学は成り立たないし，知見が向上しない．個々の現象，一つ一つばらばらなのだということで，おしまいである．しかしながら，そのなかに何か筋が見えてくることで進歩するわけである．知識のレベルが上がるのである．それでわかった，わかったけれども，わからないことがあるという形で進むというのが，ここでの考え方である．

　この問題をもう少し深く考えよう．図1.9のようになるわけであるが，まず，一つのある種の問題を解決しようという場合を考えよう（これは"特殊な"ものを取り扱うということになる）．左の側である．それをわれわれが取り扱うためには，ある種の一般化された方法，科学を使わなければならない．それを実際問題にあわせていろいろ考えをめぐらせ工夫して使うことになる．そうすると，問題は一応解決する．しかし現象は限られており，そのことしかわからない．しかしながら，これは常に生き生きとしており，現実に役立つのがありありと見える．ここに感動がある．しかし，この知見を一般化しなければ，そこにとどまってしまう．そこで一般化して，方法論や方法が発展するわけである．理論は，それ自身成長して拡大する．しかし，これは現実ではないから，やはり死にものである．それから再びある問題解決のルートをたどるわけであって，それが特殊化である．

　さらにそれがまた一般化される．さらにそれが具体的な問題にいくというこ

1.2 データの科学の理念

```
┌─────────────────────────────────────────────────┐
│   交互にそれぞれを超え，両者の統一を目指して      │
│   データの科学は常に膨張し続ける閉集合である      │
│                                                 │
│       ↑                      ↑                  │
│    知慧のレベル           知識のレベル            │
│       │←─────────────────────│                  │
│       │─────────────────────→│                  │
│       │←─────────────────────│                  │
│       │─────────────────────→│                  │
│   ┌─────────────┐      ┌─────────────────┐     │
│   │ 特殊化      │      │ 一般化          │     │
│   │ 問題解決    │      │ 方法論や方法が   │     │
│   │             │      │ 発展する         │     │
│   │ 現象は限られた│      │ 理論はそれ自身   │     │
│   │ものだが      │      │ 成長し拡大する   │     │
│   │ 常に生き生き │      │ しかし生き生きと │     │
│   │ としている   │      │ した現実ではない │     │
│   └─────────────┘      └─────────────────┘     │
│          交互にポテンシャルを高める              │
└─────────────────────────────────────────────────┘
```

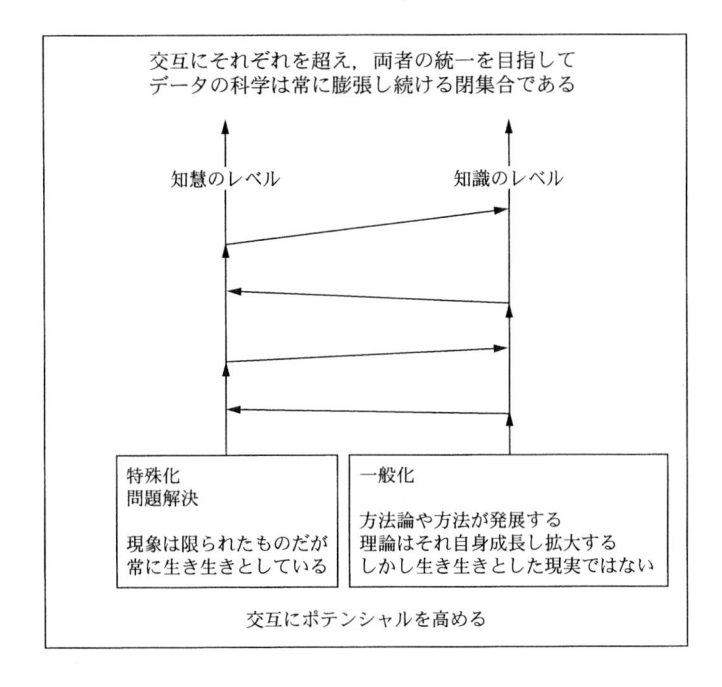

図 1.9 データの科学の研究のあり方

とで，この二つが一体になるわけである．このようにして，現実の生きた問題を扱っていくことによって知慧が増えていく．知慧は伝達できるものではない．研究者各自，心の中にもっているものである．それが一般化されることによって知識になる．知識は伝達できる．知識をもって，おのおのが次第に知慧を増やしていくのである．研究者と研究とが一体になって科学が進歩するというふうに考えればよい．図 1.9 の左側は人間で，右側が学問で，大事なのは両者の高いレベルへ向かう統一である．

そういうことで，交互にそれぞれを越えて，両者の統一を目指し，データの科学は常に膨張し続ける閉集合といえる．開集合では学問にならない．ある枠・境界がなければ，絶対に学問は成立しないのである．芸術にしろ，科学にしろ，方法の限定があるから（つまり，ある枠組があるから）発展する．これは大事なことである．しかし，この枠にとらわれすぎると衰退する．常に特殊化としての現実の問題の取り扱いが，新しいものに触れて新しく展開し，それ

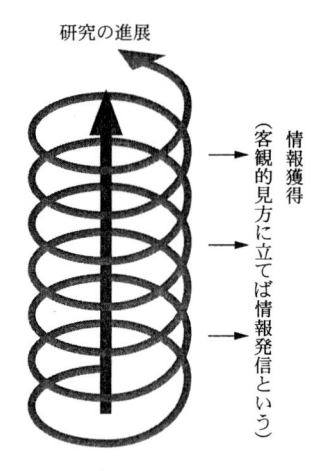

図 1.10　上昇螺旋的研究の進展

が一般化されて閉集合が膨張するという形になる．

　そして，データを中心においてお互いにポテンシャルを高めていく，こういう方法がデータの科学である．しかし，これをどう実現していくかということが，一つの問題である．

　図 1.10 のように，研究は常に上昇螺旋的に進展する．そう進みながら，そのなかから情報というものをわれわれは取り出していく．客観的な見方をすれば，情報発信という言葉になる（あまり好きな言葉ではないが）．つまり，研究成果が出ていくという意味である．したがって，いつも完全ではないが，次第次第にわかるものはわかってくるのだという意識をもつこと，これがデータの科学の重要なポイントである．

　データの科学は「雖不中不遠矣」（中たらずといえども遠からず）という情報を常にもたらすところに最大の特色がある．

1.3　データの科学の戦略

　データの科学の考え方を用い，現象解析を押し進める戦略はいろいろあり，データの科学の考え方のなかにすでに含まれているが，ここでは補足的な意味で述べてみたい．

　周知の通りいわゆるニュートン物理学では測定が絶対空間において客体と無

関係に行われうるが，相対論では測定の意味が徹底的に考察され，量子論においては，量子レベルの現象を量子レベルの測定器具で行うことから，測定が測定されるものの挙動に影響されるという考えになった．相対性理論や量子論においては，これらがフォーミュレートされ，理論化されている．私が取り扱ってきた現象の多くは，人間が人間を測るのであるから，測ることに測られるものは影響を受ける．測り方によって内容が異なるものである．この点は，社会調査法においてよく研究されているが，研究しつくせるものではない．いずれにせよさまざまな測り方をしてそれを通して何が見えてくるか，つまりデータ構造をとらえるという行き方が望ましいものとなる．これを念頭において，測定道具を用いて現象理解を進めるという行き方をとるのが妥当なデータの科学の戦略であることを第一に掲げたい．

　データの科学は逐次近似の考え方で進めると先に述べたが，データをとり，分析する過程において完全な方法や物指しのないことにも言及した．その一つ一つに完成を求めて方法を練り上げることは適切ではない．あるところまででとどめて，別の部面の方法を練り上げるが，この完成に集中すると先へ進まなく，あるところまででやめて次にまた別の部面の方法を練り上げる，という具合に，各種の方法の完成度を順々に高めていくという方法をとるのである．一つに固執すると行き詰まってしまうが部面を変えて考え，全体の完成度のレベルが高まると行き詰まったところが開けてくるということになる．いわば手を散らせながら——もちろん，ある部面の方法を練り上げるのに行き詰まるところまで追求することはいうまでもないが，これに固執しすぎないという意味である——現象解析（データの取得・分析のあり方の工夫）を行いつつ方法を練り上げていくことになる．こうして，方法のレベルも上がり，現象解析の知見も高まってくるのである．比喩的にいえばアガサ・クリスティーの小説中のポワロ探偵のやり口である．一つ一つを固めずに各部面を脈絡をつけつつ少しずつ不明の個所を狭めつつ最後に一気に解決するという行き方を思い浮かべていただければよい．小説は解決に持ち込まねば話にもならないが，われわれの領域では全面解決は永遠の先の話である．そこへの道のりを歩んでいるわけである．

　こうした漸進的行き方の発展的実例として，われわれの行ってきている継続調査に基づく国民性研究とその連鎖的比較調査分析法に基づく国際比較研究が

ある．こうした問題を取り扱う戦略は前にも述べたが，『日本人の国民性研究』，『社会調査と数量化』，『日本らしさの構造』に具体的な方法とともにデータ分析の結果を交じえて述べられているので，そちらを参照されたい．これまで述べてきたデータの科学の考え方を念頭においで見ていただければ，考え方の筋が見えてくるものと思う．

　ここで，医学における患者の治療の問題について考えてみよう．治療は，診断と二重盲検法を通して利く認可された薬や手術等々によって行われていると見るのが普通である．生活習慣病（このネーミング自身が不可解である）といわれる問題では危険因子（リスクファクター）があると考えられているが，私の携わった経験ではある条件の下でリスクファクターになると考えた方が妥当であると思っている．これが個人差によって異なるということである．さて，上記の治療の問題である．最近，治療の個別化ということがいわれるようになった．平たくいえば個人差があり，治療が利くものも利かない（かえって悪くなる）ものもいるということである．治療は，利く利かないではなく，いかに利かせるかということでなくてはならないのである．この個人差は事前にある要因によって分類し，得られることもあるし，治療の過程のなかで判断されることもありうる．

　このように考えて，治療を諸データに基づいて行う考え方（データのなかには患者のQOL（quality of life）や心理的・社会的要因も絡めるし，医師のデータとして整理された直観も含めてもよい）を治療の科学化というのであって，データの科学の方法論の範疇に入るのである．これについては『行動計量学序説』第18章に記述されているので繰り返さないが，「治療は医学に基づいた仁術」という考え方が根底にある．

　この頃データマイニング（data mining）ということがいわれているが，本来の言葉の意味からはデータの科学の範囲に入るものである．しかし巷間いわれているところを見るとそうでないらしい．ある種のデータ解析の方法——名前は新しいが内容はとくに目新しいものではなく，よく考えれば数量化以前のようなものである——を使うことのようである．本来の意味でのデータマイニングは有用なデータの発掘のことをいうのである．一般論は難しいので例をあげておこう．

　ある商品の近い将来の動向を知りたいとき，公表された統計データを用い，

1.3 データの科学の戦略

計量経済学的モデルで予測式をたてることがよく行われている．それよりも自社に埋もれている（捨てられている）その商品の引合の動向を記録に残して分析する方がよいのではないかと思う．引合などは一般にデータとして残らないものであるが，今日ではパソコンに入力しておき諸部門で共有化しておけば知識を集約・組織化できるわけである．埋もれているデータの発掘である．企業内ではこうしたデータが多くあるのではないかと思う．要はデータ化するための目の付け所である．

航空法研究会の宮城雅子氏の行っている IRAS (incident report analyzing system) というのがある（宮城雅子著：『大事故の予兆をさぐる』，講談社ブルーバックス，1998）．大事故の生ずる前には，同じようなインシデント（未然事故）があったが事故にならなかったものがあるという発想で，闇のなかに葬られているインシデントを発掘し，その構造を分析し，大事故の発生につながらないような情報を取り出している．事故は思わぬ不具合の非合理的な連鎖（合理的に考えにくい連鎖）によって生ずるものであって，事故が生じた後に形成され，事故を合理的立場から解明しようとする事故調査委員会のレトロスペクティブな推論とは異なるものであることが指摘されている．このインシデントの発掘と分析は正にデータマイニングそのものであり，データの科学の考え方といってよいものである．

また，監察医の書いた本をみていると，そのなかに「飲酒の多い者には大動脈の硬化が少ない」というような記録を見いだした．これが疫学研究で確かめられたのを見たことがあるが，これなどもデータマイニングの一つであると思う．

要するにデータマイニングの粋は，無視されあるいは捨てられているものから必要情報をデータ化してデータ分析によって知見を得る（あるいは重要なものを見るための手掛かりとしての仮説を見いだす）というところにあり，データの科学の一つの面を物語っているのである．

ここでは，経験したいくつかの事例につき，データの科学の戦略について書いてきた．このほかの例も多々あるが，おおよその傾向はつかめたものと思う．しかし，ここから一般論を引き出すことはまだ困難なことである．現象解明のためにはデータをどのようにとり，分析するかの戦略をたてることになるが，具体的には2章以後に述べるような方法が基本になる．このような戦略は，幅広くかつ深い知識や体験がものをいうことになるが，知慧および手にし

たデータに対するセンスや現象に対する洞察力も大事な要素となる．これらは一朝一夕に修得できるものではないが，時間をかけ修練を積めば積むほど高度なものになっていくことは間違いない．

2

データをとること
——計画（design）と実施（collection）

　1.2節においてデータの科学の根本思想を方法論的な例をあげながら述べた．ここでは，そこに書かれている design for data, collection of data, analysis on data について以後具体的にどう考えるか，またその方法について述べてみよう．しかし，これとても全般にわたることは難しいので，その基本的なところを書いてみることにする．また，具体的な2章，3章では科学全領域にわたることは不可能であり，そのため主として私の関与した社会現象，人間の強く関係する領域に関することを中心に書くことにする．ここに書かれていることの「内にあるもの」を，読者の領域に引き戻して考えていただきたい．

2.1 調査対象集団（U），母集団（P），標本（S）

　データをとるときの，基本問題である．しかし一般にデータを取り扱うとき，社会調査以外の場合，ほとんど意識されていない．このために，無用な論争や誤解が生じている．データの科学では，ここから問題が始まる．われわれは，調査対象集団——ユニヴァースといい U と略称——，母集団——ポピュレーションといい P と略称——，標本——サンプルといい S と略称——といい，この U, P, S をデータをとるときの基本とする．

　これが何であるかを説明するに当たり，社会調査の例から始め，これを一般のものに拡張していけるようにする．

　さて，確率と統計の結びつきという観点から述べよう．今日の推論においては，まず調査対象集団（U）を明確にし，これに抽出確率を付与し抽出方法を規定して母集団（P）を構成し，これから標本（S）を抽出し，こうした標本のデータから母集団への推定（検定）を行う．つまり，これがユニバースへの

情報となるようにする考え方である．いわゆる統計的推定，統計的検定の考えの基本である．推論にこうした確率の考え方を導入してきて，統計学が近代化されてきたのである．この結びつきは強靱なものであり，確率的推論は現在の統計学の根底となっているものである．つまり，いまの統計学は，確率を抜きにしては考えられないようになっている．しかし，これは全体→個，個→全体への問題を含んでいると見ることもできる．確率に基づく理論が，個にどういう意味をもつかである．つまり，行為決定——しかも有限回の，さらにただ1回きりの——に対して確率的情報がいかなる意味をもつかの問題である．見かけ上ただ1回としても，いくつかをプールして考えるべきだという風に，後述するような「発言の集団」に展開し，その集約と見ていくことも一つの切り抜ける方法であろう．しかし，これではすまされないことも多くあるわけである．これは「無限を基礎においた情報」が「有限を基礎におく行為」にいかに寄与するかの問題ともいうことができる．これは，科学の根源にも関係するものであろう．

こうしたことは，論理的観点のみから解決できる問題ではなく，現実の科学的行為にいかに有効であったかによって——つまりその考え方を用いないより用いた方がより適切・有効であったということ——，それを用いることの妥当性が得られるものと見るべきであろう．こうしたことは，哲学的問題と見られるかもしれないが，統計的方法を用いるときの態度として根底に据える必要がある．

1) 調査対象集団（U）

上に述べた統計の基本概念であるが，重要なことなので例をあげて繰り返しておこう．調査対象集団（U）には，即物的なものと論理的なものとがある．即物的なものは，対象が実際にものとしてとらえられている場合である．たとえば，平成5年10月1日，日本国土に常住する日本国籍を有するもの，その時点の日本の大学の工学部の学生のすべて，現時点での日本の有権者，現時点での日本国土内の日本企業，現時点での入院患者などはっきりとらえられるものである．一般に集団の要素（人とか企業とか）の数，つまり集団の大きさというのであるが，これは有限である．これの大きいときも小さいときもある．大きい場合，数理的には無限として取り扱うことが便利なこともある．

一方，論理的な場合は，次節の確率論のところで述べるように，即物的にそ

こにあるものではなく，ある条件の下に試行すれば得られるような事象——たとえばさいころを振る，コイン振りをするなどのこと——，ある条件の下で実験を行うような場合，その得られるであろう一つ一つのデータ——標識によってその結果が表現・記述されなければならない——の集まりというような場合がある．集団の大きさは有限とみなすより，この場合は可能性として無限と見た方がよいであろう．

実験の場合について，A, B, C, D, E, F という条件の下に実験を繰り返す場合を考えよう．n 回実験し，その結果を記述したとすれば，これだけしかない．しかしこの分析結果は，この n 回にとどまるものではなく，同じ条件の下に繰り返されるであろうところの無限回の実験結果たる U に対するものでなくてはならない．得られたデータは，U を念頭において初めて科学としての意味をもつものである．ここにおいて，追試ということが意味をもつものとなる．

2) 母集団 (P)

簡単な例から始めよう．今，大きさ N（有限でも無限とみなせる場合でもよい）の調査対象集団 U の各要素に抽出確率 $P_1, P_2, \cdots, P_N$；$\sum_{i=1}^{N} P_i = 1$ を与え，独立にあるいはある従属性をもって抽出を行うとしよう．このように抽出確率を与え，抽出の仕方を定めるとき，U は母集団 (P) といわれるものになる．U は一つでも，推論の目的に応じ，いくつも P を作成することができる．たとえば，層別 2 段（3 段）抽出法を行うとかいう標本抽出計画に応じた母集団構成があり，また，偏りのない推定量を作ることが容易である，調査の仕方が簡単である，分析のための計算が容易である，推定の精度が高くなる，等々のことを考慮して作成すればよい．こうして最も目的に適合した P が採用されればよい．統計的推論は P に対してなされるのであるから，前述のように，P に対する情報が U に対して有効適切な情報となるように P の構成を考えなくてはならないのである．

3) 標 本 (S)

一般に簡単な場合を説明しよう．抽出確率はすべて等しく $P_i = 1/N$ ($i = 1, 2, \cdots, N$)，抽出の仕方は独立とされることが多い．日本人有権者を有権者名簿から，独立に等確率で 3000 人抽出するなどということが行われている．論理的なものは，ある条件の下で得られるであろう要素が等しい確率で独立に抽

出されるものとし，抽出されたものが実験（試行）結果であると考えるわけである．このように母集団 P から指示された抽出確率・抽出方法で抜き出されるものが標本 (S) である．S は抽出を繰り返せば，いつも同じではなく異なったものが現れるのである．上記の例でいえば，抽出する 3000 人の有権者，実際に行う実験（試行）結果が S であり，データは S の一つの実現したものとなるわけである．この S の実現したものは，いずれの場合もまさに手にとれる即物的なものである．S の情報をもとに，母集団 P ではどうなのか——有権者の場合は全有権者に対してはどうなのか，実験・試行の場合は同じ条件の下に実験・試行を繰り返したとしたらどのような結果が得られるかということ——という推論を行うことになる．

なぜこのような考えをとるのか，上述の例でいえば，全有権者に対してたとえば世論調査はできないので，一部分の標本を調査して全体を推し量りたいという要求を満たすために行うものであり，製品の破壊検査による品質保証をした上での出荷などを考える場合は，必然的にこうした考えに立たなければならないし，実験・試行では必然的にデータは標本と考えざるをえないわけである．後者の場合，いま得ているデータを分析し，情報を取り出したとしても，それだけのものであれば，役に立たない．同じ条件の下で繰り返されたら「云々になる」という推定が行えて，初めて，科学としての価値をもつわけである．もう一度繰り返そう．この場合は，1) で述べた実験の場合の U を考え，それから等確率・独立抽出という考え方で P を構成し，今得ている S はこの P からのランダムサンプルとみなすという考え方になるのである．この「み̇な̇す̇」という考え方が大切で，ここが議論の焦点である．

実験でなくとも，今もっているデータがランダムサンプル S とみなせるような P，U を明確に意識し，表現することも大事である．このためには，S の生じている諸条件をあますところなく表現し，記述しておくことが情報の相互伝達上不可欠のこととなる．

予測の場合は，過去・現在・未来の事象から作られるものが U であり，これに等確率を与え独立に抽出するということで P が構成され，今得ているデータはこれからのランダムサンプル S と「みなす」ことによって成立する．過去・現在のデータのなかに見いだされる諸関係（構造）が未来にも成立していると「みなす」ところに予測が成立するのであって，これが異なってくれば

予測の基礎としては別のことを考えなくてはならなくなる．このように考えてくると，$U \to P \to S \to$ 推論という考え方の重要性が理解されよう．

4) 母集団構成とランダマイゼーション

数理統計学のきわめて大きな部分が，推定論，統計的検定論で占められている．このとき母集団 P とは何か，ユニバース U とは何か，が熟考されねばならないのにもかかわらず，ほとんどそれに言及がない．データの科学においては，こうした点について明確にしてかからねばならない．われわれはユニバース U に対する知識が大事なのであるが，これを得るために母集団 P を介入させるわけである．この母集団構成がわれわれの目的に対して妥当なものかどうかを深く考えることである．これは 3) の「みなす」と述べた議論を繰り返すことになる．

さらに，数理統計学における母集団構成でもう一つ注意すべきことは，論理的母集団の一つであるランダマイゼーションに依拠する母集団構成である．今，一つのサンプルを得ているとしよう．これが，あるランダマイゼーションによる結果の一つと見られるかどうかを検討することになる．どのようなフィールドでランダマイゼーションを考えるかが重大な意味をもつのである．このランダマイゼーションがわれわれのデータ分析に対して妥当な意味をもつかを考えることが不可欠のことである．ランダマイゼーションは，ユニバース U (この場合論理的に考えられるすべてのものである) の要素に対する等確率母集団構成である．しかし，これは上に述べた即物的な U，P とは関係のないものである．今得ている S に関する議論であるので，その有効性は限定的なものである．この意識の明確化はデータ解析に対してきわめて重要な意味をもつのである．

2.2 確率論と統計の意味

2.1節でみたように U から P を作るにも確率が用いられるし，確率を用いることによって，現象を取り扱いやすくすることもできる．しかし，確率は歴史的にも釈然としない理論を基礎にしているところがあるので，データの科学の立場から望ましいと考えている立場のものを述べる．

確率論にはいろいろの定義があり，直観的であるが理論的には曖昧なもの，純然たる数学的なものであるが確率そのものの理解や意味に釈然としないもの

(その間にギャップがあるといった方がよいかもしれない)などあるが,ここでは現実的であるとともに数学的に明確な意味をもつ,フォン・ミーゼスによって考え出された「コレクティフ」という概念を用いる確率の定義をあらためて与えておこう.この立場は,論理的に曖昧なものがないとともに,定義そのものに沿って確率そのものが直観的に把握しやすく,現実的に素直に解釈できるという利点をもっている.

2.2.1 試行を根底においた確率の数学的定義

1) 標識系列

われわれがある行為を行うことによって得られる結果の系列を考える.たとえばコインを振り,その表が出るか,裏が出るかを観察することにしよう.表が出た場合を1,裏が出た場合を0と表現してみる.何回もコインを振ったときの結果の一例を表してみると

$$1\ 0\ 0\ 1\ 1\ 1\ 0\ 1\ 0\ 1\ 1\ 0\ 0\ 0\ 0\ 1\ 0\ 1\ 0\ 0\ 1\ 0\ 1\ \cdots$$

となる.これが試行系列である.詳しくいえば,試行の繰り返しを観察することによって得られる標識系列である.ここに標識というのは,各試行結果を特色づけるところのレッテル(われわれの欲する現象記述に適応して定められる)であり,試行結果を一義的に,明確に表現するものでなくてはならない.これは,ある目印,または一つの実数,あるいは k 個の実数の組,ないしは k 次元空間の一点として表現される.すべての標識から作られる集合を標識集合と名づけることにする.コイン振りの例でいえば,1,0 はそれぞれ標識であり,$(1, 0)$ なるものは標識集合である.

今,一般に試行によって得られた標識系列を

$$m_1, m_2, m_3, \cdots, m_n, \cdots$$

と表すことにしよう.上の例でいけば m は 0 もしくは 1 であり,m の標識系列は 0, 1 で表されることになる.標識集合を R としておこう.これから確率ということを考えていくのであるが,これには「コレクティフ」なる思想をもってのぞむことにしよう.

2) 「コレクティフ」

「コレクティフ」とは何であるのか.標識系列 $m_1, m_2, m_3, \cdots, m_n, \cdots$ が以下の二つの条件を満足するとき,系列は「コレクティフ」といわれるのである.

〔条件I〕 標識集合 R の任意一般の部分集合を A とする.最初の n 回の試

行（試行条件は与えられている）よりなる標識系列

$$m_1, m_2, m_3, \cdots, m_n$$

のうち A という標識を示すものの数を n_A とする．このときの相対頻度 n_A/n が n を増すとき一定の極限値をもつ．すなわち

$$\lim_{n\to\infty}\frac{n_A}{n}=p_A$$

が存在する．この条件だけでは十分ではない．偶然の要素を入れなければならないからである．これがなくては現実的に使いものにならない．

3) 選出行為

偶然の要素を表現している第二の条件を述べる前に，まず選出行為ということを考えることにしよう．今，標識系列から部分系列

$$m_{i(1)}, m_{i(2)}, \cdots, m_{i(n)}, \cdots$$

を選出するに当たって，次のような規則に従って行うものとするとき，これが選出行為と称せられるのである．

まず m_1 を選出するか，しないかを，m_1 の標識を使用することなく決定しなければならない．次に m_i までの結果を知ったとき，m_{i+1} を選出するか否かを決定する段階になる．この決定は m_{i+1} の標識を使用することなく，m_1, $\cdots$, m_i までの標識観察結果を知ったとき——$m_{i+1}, m_{i+2}, \cdots$ については，その標識いかんは観察されていないと考えるべきである——，たかだかそれまでの知識を利用して，あらかじめ定められた法則に従って行われるのである．なお，$m_1, \cdots, m_i$ までの観察結果をまったく使用しなくても差し支えないのであるが，とにかく $i+1$ 番目の行為として m_{i+1} を選出するか否かの行為をしなければならないということを意味しているのである．したがって，この選出行為を固定的に表現してみるならば，たとえばある算術法則（偶数番目のもののみを選出する，あるいは5の倍数の奇数番目のもののみを選出する），また同じ A の標識を5回示したとき初めて次のものを選出するなどの法則，ないしは j 番目（あらかじめ定めてある，$j=j_1, j_2, \cdots, j_i$）が標識 A を示したとき次のものを選出するというような法則による選出方法を示していることになるのであるが，この選出は常にわれわれの行為として把握されなければならない．

以上のような選出行為 V は，数学的には次のように表現される．

$$V=\{f_0, f_1, f_2, \cdots, f_n, \cdots\}=\{f_i\}$$

f_i は $m_1, m_2, \cdots, m_i$ の関数であり，0 または 1 の値のみをとる．ただし f_0 は m_1 を選出するか否かを決めるものであり，標識の関数ではない．$f_i(m_1, m_2, \cdots, m_i)=0$，または $=1 (i=0,1,2,3,\cdots,\infty)$ の値は，すべての $m_1, \cdots, m_i$ の示す標識の組合せに対してあらかじめ与えられていなければならない．$f_i=0$ ならば m_{i+1} を選出しない．$f_i=1$ ならば m_{i+1} を選出する．このようにあらかじめ定義された $\{f_i\}$ は，一つの選出行為の表現であるといえるだろう．選出の過程は次のようになる．一つの標識系列

$$m_1, m_2, m_3, \cdots, m_n, \cdots$$

から

$$f_0, f_1(m_1), f_2(m_1, m_2), f_3(m_1, m_2, m_3), \cdots, f_n(m_1, m_2, m_3, \cdots, m_n), \cdots$$

なる系列 (0, 1よりなる) を作る．$f_i(m_1, \cdots, m_i)=0$ ならば m_{i+1} を選出せず，$f_i=1$ なら m_{i+1} を選出するのである．

こうして，$f_i=1$ なるときだけ原系列からそれを抜き出し，原系列から一つの新しい部分系列

$$m_{i(1)}, m_{i(2)}, m_{i(3)}, \cdots, m_{i(n)}, \cdots$$

を作ることができる．これが原系列から $V=\{f_i\}$ の行為によって選出された部分系列である．

なお，われわれはとくに断わらない限り，選出行為によって作られる部分系列は有限で切れることはないものとしよう．このような選出行為だけを選出行為と名づけることにしよう．

ここで〔条件II〕をあげることができる．

〔条件II〕 $m_1, m_2, \cdots, m_n, \cdots$

なる原系列から「任意一般の選出行為」によって得られるすべての部分系列において，常に標識 A を示すものの相対頻度の極限値は不変である．すなわち，p_A に等しい（任意一般の選出行為とはすべての選出行為を意味するものである．現実的行為としての「すべて」を意味するものであり，任意特定を意味するものではない）．

この〔条件II〕は無規則性の条件を示すものであり，偶然の一表現であると考えられる．

〔条件I・II〕を満たす標識系列

$$m_1, m_2, m_3, \cdots, m_n, \cdots$$

が「コレクティフ」をなすといわれるのであり,上述の極限値 $p_A (0 \leqq p_A \leqq 1)$ が標識 A の確率と呼ばれるのである.ある A に関してこれがいわれるときは,A に関して「コレクティフ」をなすといわれるのである.このように確率という数値は,「コレクティフ」なるもののなかにおいて初めて意味をもつものであり,無限の試行による標識系列を思い浮かべることによってのみ生きた意味をもつのである.「コレクティフ」は,けだし試行によって作られる偶然のパターンであり,確率はパターンの一つの締めくくりであると考えられよう.

4)「コレクティフ」の現実的意味

今,このようにして数学的に確率の基礎として確立された「コレクティフ」の現実的意味をもう少し考えてみることにしよう.

まず,〔条件 I 〕の相対頻度の極限値の存在の要請について考えてみることにする.これは n_A/n が n を増していくに従って,すなわち行為的に n を増していくに従って,一定の数値に近づいていくのが見えてくる意味においてこそ,その存在が直観されるということであり,このような立場に立ってその存在が要請されているということである.前のコイン振りの例をあげていえば,表裏の出現する確率が 1/2 というとき,そのきっぱりしたきれいな数字そのものに意味があるのではなく,試行回数 n を十分に大にしていくとき,表裏がほぼ $n/2$ 回だけ現れる,すなわち表裏の相対頻度がほぼ 1/2 に等しくなっていくことに,確率の意味があるのである.極限である数字そのものに意味があるのではなく,相対頻度が近づいていくのが了解されてくるところに真意があるのである.

次に,この理論の中核をなす無規則性の条件を考えてみる.厳密でなくいえば,これは過去の知識をいかに利用しようとも系列の要素——m_i をさす——がいかなる標識をもつかは,あらかじめ断言することはできない,また,何の知識もないときより以上に何も知りえないということを意味しているのであり,偶然性の意味を数学的に洗練した形で表したのが,選出行為による表現となっているのである.

この〔条件 II〕は,確率論の始まりとなった賭けを成立させている基本的条件であり,偶然性の数理的表現なのである.

このようにして確率を定義すれば,統計という現実的な行為において,「確

率」をどう利用し，活用することができるかを如実に知ることができ，またこれに基づいて出てきた結果をどう現実の場で解釈したらよいかを明らかに知ることができる．こうした「コレクティフ」に基づく確率論を構築することが可能となり，これがフォン・ミーゼスの確率論となるのであるが，この行き方は「科学基礎論」としては重要であるが煩瑣をまぬがれない．

今日，通常，数学的な確率論といわれるものと，この立場のものとは，確率論展開の根本的なところで大きな差異があり，論争が絶えないのであるが，統計学で通常用いられる範囲内においては，一般に，両者の間に導かれる形式的結果においては違いは見られないのである．しかし，最も大切な「大数の法則」における意味について大きな差異があり，「コレクティフ」以外の確率論によっては，科学基礎論的に筋目立った解釈をすることは困難である．

このようにして確率論の現実的な——あるいは統計学において用いられる確率論における確率の現実的な——意味が，眼前にはっきりと把握できることになる一つの例をあげてみよう．「A という発言は信頼度 95% をもつ」というとき，これをわれわれの立場の確率の言葉で解釈してみよう．A という発言が真を示している場合を 1，偽である場合を 0 と表現する．このとき A という発言を多数の事象に適用してみたとき

$$1011110101111101111\cdots$$

という発言真偽を示す標識系列を得ることになる．これが「コレクティフ」をなし，標識 1 の確率が 0.95 であるということを，上の言葉は示しているのである．われわれには，個々の場合に対する発言が必ず真であるか偽であるか判明しないが，場合の数が多ければ真の発言の割合が 0.95 に近づくということを物語っているのであり，また，過去にどのような真偽の結果があったにしても次の真偽の発言は白紙の状態で見なければならないということであり，これが信頼度の現実的な意味を表しているわけである．確率は個々の事象に対しては確実な予言はできないが，多数回予言を行ったときに，この割合で正当な予言がなされているということを表現するのに適した概念であり，現実に役立つ法則というものの一つの有力な表し方になるであろう．

なお，統計学では乱数表・物理乱数・擬似乱数というものがよく用いられる．一番素朴なものは 0 から 9 までの数が等確率で現れる数列であり，これが表としてまとめられたものである．「コレクティフ」の一つの見本のようなも

ので，これを用いて確率行為を現実に行っているものである．

このような「コレクティフ」による確率論が，数学や論理の世界のみにとどまらず現実に通用するのは，コインの裏表，サイコロの目の出現などの体験の上に立っていることにほかならない．体験の数学化といった方がよい．

2.2.2 統計の意味

これを考えるに当たり，まず集団と個（要素），あるいは個と集団といったことを考えてみよう．1.1 節にも触れたようにこの問題は古くから論議され，今なお重要な問題として論議を呼んでいるものである．これは，いろいろな立場から，また種々な視点から論じられている．

集団は個の集まりからなるが，個の性質からのみ集団の性質は出るものでなく，そこにある異なった性格が出てくるということもある．個の集まりによる集団構造である．構造といっても剛直なものでなく，柔らかいダイナミックなぐらぐらしたシステムであってもよい．個人心理からは群衆心理は導かれるものではなく，異なった性格のものであるということなどは，この種の問題であろう．都市が人口の大きさによってその質的性格を異にするというのもこれである．人が集まればそれに応じた機構・組織ができてくるし，その種類や大きさは，人口によって異なったものになってくる．しかもそれが人口といわば比例した形ではなく，人口の大きさによって異質的なものが生じてくるのである．こうして，個人が集まり，構造を作り上げるとともに，個人はその構造により制約を受けることになる．こうして，個人と集団とは相互に影響し合いつつ成長するということになる．こうした意味の個と集団の関係は非常に重要な意味をもつもので，動的システム系における個と全体との問題となるものである．

さて，このような個と集団との関係を，集団の側から見ようとするのが統計的方法であるということができよう．個の側から見るときも，個を集団を背景において取り扱うことになれば，それは統計の問題になってしまう．しかし，純然として個の問題を考えるとしたら，それはまったく哲学的問題になるわけである．個と集団の問題も科学的に取り扱おうとすれば，その根本となる分析方法や推論には統計的考え方や見方が基盤とならざるをえないと思われる．科学的に取り扱うということは，何らかの意味で集団というものを想定しなければならないからである．これは，個に関する——還元される——情報を即物的に

集団に積み上げることもあるし，集団に位置づけて考えることもあるし，これをもとに集団の構造を明らかにすることもあるし，また結論づけるべき集団を論理的に想定しようとすることもあろう．いずれかの相において，集団を頭に描かなくては，議論が科学的な意味をもたなくなるわけである．

統計的な考えは，以上のように「個 → 集団」に積み上げて，集団の特性を把握するとともに，「集団 → 個」，つまり集団の情報がどのような形で個の情報へ還元されるべきものであるかを考究するところにある．こうした考究の過程において確率が用いられ，確率に基づく推論が相当に重視されることになっている．

このほか，統計と確率の結び付きについては，首題を外れるのでこれは『行動計量学序説』1.4 節に譲ろう．

確率は，問題の本質をよく考えて用いれば上記の統計的推論を超えて現実理解に役に立つことが多い．また，確率に関してデータの科学の立場からの考察は『数量化の方法』第 15 章に端的に示されているので，興味ある方は参照されたい．

2.3　データをとる基本としての標本調査法

標本調査法はデータを取り扱うときの基本的考え方である．何をするにせよ，これを避けて通ることのできないものである．定石の学習でありデッサンの学習である．ここを心得ていないと調査には不安が残る．この通り右から左へ現実に実行できデータがとれるほど現実は甘くはないが，ここが調査の良心の原点となる．

それにもかかわらず，これに関する著書は驚くほど少ないのである．かつて私は『サンプリング調査はどう行うか』（東京大学出版会，1951）を書いたが，これ以後自信をもって書き込んだものはない．内容をみると，今日でも通用し役立つ注意が詳しく書かれてあるが，実例がいかにも古く，今日の現実や読者には通用しにくい．再出版は不可能で，一つの歴史的なものとみて図書館等で一読されれば参考になるところも多いと思う．また『日本人の読み書き能力調査』（東京大学出版会，1950）も，日本で初めて標本調査による大規模な社会調査をまとめたものであり，調査方法に関する内容の密度は実に濃い．これ以後ここまで書かれたものは，統計数理研究所国民性調査委員会による日本人の

国民性を調査したもの（至誠堂・出光書店により，5巻が出版されている．『日本人の国民性』1961，『第2 日本人の国民性』1970，『第3 日本人の国民性』1975，『第4 日本人の国民性』1982，『第5 日本人の国民性』1992）以外にない．調査のあり方を検討するのに参考になるところが多いと思う．

ここでは『標本調査法』をあげておく．この本の内容がこの節にぴったりあてはまると思っていただきたい．

現在，複雑かつ曖昧な領域である生態学において，統計学が用いられるようになったが，主としてデータの整理，モデル化による理論の精密化に用いられており，それらは生産的で本質的な用いられ方ではない．やはり，生態学において，本質的なことはデータをどうとるかである．ここにはどういう考え方が必要かが論じられるべきである．植物の場合は，上記『標本調査法』の考え方が参考になるが，動物についてはこうはいかない．まずその生息数を調べることを試みたことがあるが，実際に行ってみると別角度からの考え方が必要であることがわかった．これは，いわば「アイディア勝負」というところで，アイディアと理論が結び付いたところに実際に役に立つよい調査法が生まれることがわかった．データの科学の立場から興味あるものである．これについては『森林野生動物調査』の本がここに入ることになる．

以上二つは相補うものであって，これらによってデータをとる基本的考え方が説明されたことになる．

2.4　データの科学の立場から調査対象集団をどうとるか

調査対象集団 U のとり方は，社会調査以外の場合も基本的なことであるが，常識的にあるいは自明なものとして——とくに意識することなく——決められていることが多い．社会調査においては，ここが決まらなければ事が始まらないわけである．この一端は1.2節に示しておいた．

U を決めるのところに深い配慮を必要とする一つの例をあげておこう．日本の国内調査においては，事情もよくわかり，比較的に容易に目的に応じて U を決めることができる．しかし，中国調査のような場合はなかなか難しい．一口で「中国は…」と言うがここに問題がある．中国は地域が広大であり，北京・上海と地方の農村や少数民族の地域とその差異はあまりにも大きく，また，都市人口の人口数は4.78億で全国の38%にすぎないし，人口50万以上

の都市は1.26億で全体の10％，北京・上海となれば5％以下となる（中国の人口は1999年末で12.6億である）．都市のなかでも諸事の格差は大きい．こうなると「中国は…」という一般的概念と対応するUとは何かをまずよく考える必要がある．中国のどこについて，何を知りたいかを明確にしておかなくては手のつけようがない．

　日本・ドイツ・フランスの森林観の比較をしようと試みた例がある．全国調査をすることが，費用の点で困難であった．そこで日本のいくつかの都市・農村，ドイツの数都市（共同研究者の存在した地域であるが，北ドイツから南ドイツにわたるようにした），フランスの一都市（ドイツの都市に見合うライン川対岸の都市）が取り上げられた．ドイツの都市としては南ドイツのフライブルク（1978年と1980年と2回行った），小都市のノイエンビュルク，北ドイツのハノーヴァー，ゲッティンゲンという異なる性格をもつと考えられる都市，フランスはライン川をはさんでフライブルクの対岸ナンシー，それに日本の東京，旭川市，鶴岡市，宮崎市，伊那市，櫛引町（山形県）という地方色を加味した地域がとられた（これは森林環境研究会，四手井綱英会長，おもに北村昌美，菅原　聡，石田正次により調査研究が行われ著者も参加した．四手井綱英・林知己夫編著：『森林をみる心』，共立出版，1984）．それぞれの地域からは2段抽出でランダムにサンプルがとられ調査された．東京とナンシーは面接調査あとは郵送調査によった．回収率は面接調査で70～80％，郵送調査では30～45％であった．回収率，調査法に差があること，精度が十分でないことを念頭に分析を進めたが，それなりにわかってきたことを次に示そう．質問は表2.1のようなものである．

　この質問の結果を各国別に数量化Ⅲ類を用いて分析すると面白い結果が出てきた．

　ドイツの諸都市はずいぶん図柄は似ており，フライブルクの1978, 1980もまったく似ていて安定性がある．フランスのナンシーは異なり，日本の諸都市はそれぞれ異なりながら，ドイツの諸都市とは隔たった様相がみられる．とくに東京は著しく異なっていた．

　こうした図柄の類似性を計算し，2国間の類似性を1～6（似ている～異なっている）という段階に区分したものを表2.2に示しておく．

　これをもとにして多次元尺度解析の一つであるMDA-ORを用いて非類似

2.4 データの科学の立場から調査対象集団をどうとるか

表 2.1 質問表

	質問主旨	1	2
A	山川草木に霊が宿っているような気がしたことがあるか	ある	ない
B	森の中を散歩するのは好きか	好き	好きでない
C	大きい古い木を見たとき神々しい気持を抱くか	抱く	抱かない
D	深い森に入ったとき何か神秘的な気持をもつか	もつ	もたない
E	「森林を美しく維持するには人間の手を加えなければならない」と「森林を美しく維持するには人間の手を加えるべきではない」とどちらが正しいと思うか	人間の手を加えなければならない	人間の手を加えるべきではない
F	「農場や牧場や森が入り混じっている人手の加わった自然」と「まったく人手の加わらない森林や荒れ地のありのままの自然」とのどちらが好きか	人手の加わった自然	ありのままの自然

表 2.2 都市間の図柄の差の程度
1がよく似ている方, 6がより異なっている方を示す.

	フライブルク78	フライブルク80	ノイエンビュルク	ゲッティンゲン	ハノーヴァー	ナンシー	鶴岡	伊那	宮崎	櫛引	旭川	東京
フライブルク78												
フライブルク80	3											
ノイエンビュルク	6	4										
ゲッティンゲン	5	3	2									
ハノーヴァー	4	2	3	2								
ナンシー	6	6	6	5	5							
鶴岡	5	2	6	4	3	4						
伊那	5	2	5	3	4	5	2					
宮崎	5	4	5	3	4	4	1	2				
櫛引	4	2	5	3	3	5	1	2	1			
旭川	5	3	6	4	3	5	1	3	1	1		
東京	6	6	6	6	6	5	4	5	4	4	3	

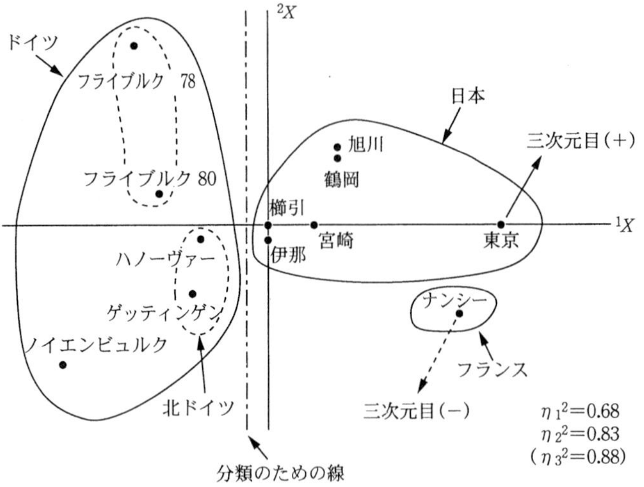

²X
ドイツ
フライブルク 78
フライブルク 80
ハノーヴァー
ゲッティンゲン
ノイエンビュルク
北ドイツ
分類のための線
日本
旭川
鶴岡
櫛引
伊那
宮崎
東京
¹X
三次元目(+)
ナンシー
フランス
三次元目(−)
η₁²=0.68
η₂²=0.83
(η₃²=0.88)

図 2.1 非類似性のグラフ

性を総合的にグラフ化すると図 2.1 のようになり，直観的にわかりやすい図柄が出ている．一次元目でドイツの諸都市と日本の都市，ナンシー，二次元目でドイツの諸都市が分かれ，三次元目で東京とナンシーが分離する（一次元目，二次元目では東京とナンシーは近く他の諸都市と離れている）．

全体からサンプルがとられなくても，それぞれ特色ある都市をとることによってそれらの分類ができ，ドイツの都市，日本の都市の特色が現れ，さらにフライブルク（独）とナンシー（仏）とはライン川をはさんで位置しているが，その森林思想の差の大きいことが読み取れ，興味ある差が出ている．厳密にいえば，回収率や調査法に疑問のあるデータであったが，分析してみると，地点のばらつきをもたせたにもかかわらず，ドイツにおいても日本においても特色が見いだせ，それなりの知見が得られ，今後の研究の基礎が得られた．全国一本でこの回収率で得られたデータでは分析のしようもなかった．これは U のとり方が成功した例である．詳しくは『数量化—理論と方法』pp. 116-120 を見られたい．

国際比較の例をもう一つあげよう．これは，国民性の国際比較研究に関するもので，詳しくは『社会調査と数量化』，『日本らしさの構造』，『統計数理研究所国民性国際調査委員会による国民性 7 か国比較』（出光書店，1998），『日本

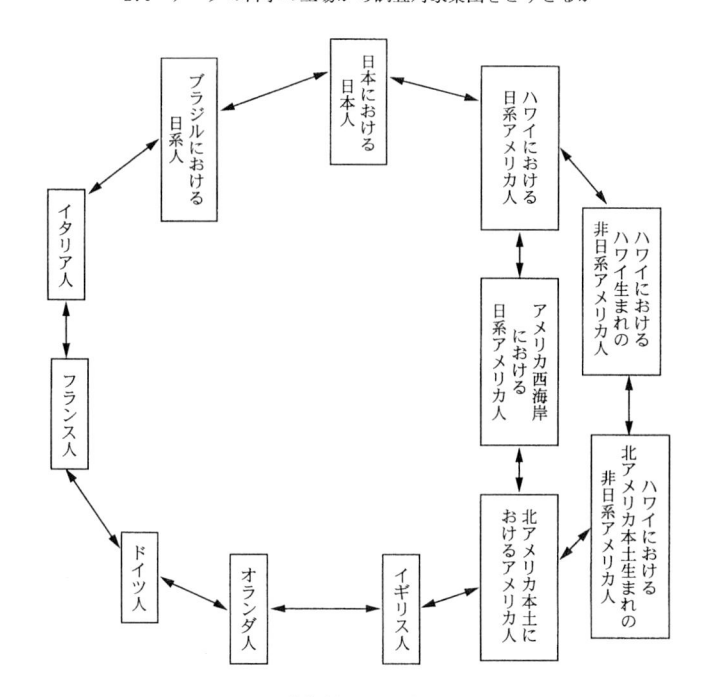

2.4 データの科学の立場から調査対象集団をどうとるか　　　37

図 2.2　7か国国際比較調査と日系人調査

人の国民性研究』に譲るが，連鎖的比較調査分析法（cultural link analysis, CLA と略称）の考えに従って，比較の対象とする国々や質問票の構成が行われている．U のとり方について述べれば，少しずつ異なるところと同じところのある国々を鎖の環がつながるようにとっていく方法である．似ているか，異なっているかは，これまでの研究成果を総合して考えるのである．このなかには必然的に日系人を含めなければならないことになる．これをまとめると，円環的連鎖が予想され図2.2のようになる．

　質問票も CLA の考え方で各国に固有の質問群，近代社会に共通する質問群，人間としてどこにも通ずる素朴な感情と考えに関する質問群を取り上げて構成してある．

　こうした調査データをすべて用い，国々の関連性を包括的に数量化の考えに従って図表化してみると図3.9, 3.10（79頁）のようになり（詳しくは前記参考文献），まったく予想した図柄が得られているのである．これを包括的議論

でこのように予想した図柄とデータ分析との一致から国々のとり方と質問票の構成との妥当性が知られることになる．しかしこれだけでは内容がなさすぎる．質問の領域を分け，これに応じて国々の分析をすれば，どの点で似ており，どの点で異なっているかがわかり，内容が深まってくる．これは，Uのとり方においてCLAという方法論が有効に働いたことを知ることができる．

前のドイツの例とともに，一国の調査ででき上がったものではなく，何年かかけて調査分析を重ね，体験の積み重ねと方法論の開発と相まって適切なUを見いだしてきたわけである．ここで示したのは，そうした過程を経てでき上がった一応けりのついた結末である．

別の問題に移ろう．U, Pを決めたがランダムサンプルとしてのSをとれない場合があり，実験の場合に似ている．医学，とくに臨床や疫学において個人を対象とする場合，日本国土に在住する40歳以上の日本国籍を有するものをUとし，層別2段抽出にてPを構成し，Sを抽出して健康診断をするということは不可能だし（これを行っても参加する人は多くはないであろう），ある病院に来る患者は，患者全体というUに対して等確率抽出確率を与えて独立に抽出して出てきたSであるとはとてもいえない．前者は回収率や不参加者の特性を知ればランダムサンプルといえるものではないことを表し，後者の場合は明らかなことである．しかし何とか考えなくてはならない．このことは2.1節でも言及した．患者データとなれば，その病院に診療にきた人々以外にはないのである．一般患者Uからのランダムサンプルではないという自覚が第一に必要である．この病院に来る患者の病名の分布，病態，属性，社会・文化・経済的特性などをはっきり意識し，表現し明記する．こうして，この病院に来る（来た）過去・現在・未来の患者をUと考え，それに等しい抽出確率を与え，独立に抽出するとしてPを構成し，今もっている患者のデータはそれからのSであるとみなして考えることである．他の病院もまったく同じことをする．異なったソースのデータを機械的に一緒にしないことである（一緒にする場合は，後述する集団の合併（ボンドサンプル）の個所に記述）．こうして，性格の異なる病院の何かの臨床試験——もちろん前記の治療の科学化による——による結果が一致するか一致しないかをそれぞれのUの特性に応じて検討することになれば，知見は深まるのである．これは，前記ドイツの森林観の場合と同様である．単純に結果が一致している，していないの論争は無意味

である．U がこのように異なっても，いかなる様相で一致しているか，どういう点で異なっているかをデータにより明らかにすることが医学の治療に基づく進展につながるものと思っている．

　今度は方面を変えて U のとり方として医学によく用いられる方法である対照群実験（コントロールスタディ）について考えてみよう．臨床試験について考えてみよう．均質な性格をもつ（属性，社会的・文化的・経済的特性，既往症，病態などに関して）実験群と対照群を取り上げ，実験群にある治療法（ここでは簡単のため A という薬を用いるとしよう）を用い対照群には何もしないか，従来の標準的治療を用いるか，偽薬を用いるということになっている．対照群において従来の治療法という点にいろいろ問題があるわけである．いずれにせよ，機械的にそうしたことを行うというように，問題は単純化されている．これは A という薬を用いる治療法を一定規準で投与することによって得られる効果を私心なく見ようとするためである．研究計画者は実施に一切関与せず，また実施するものは何も知らされていないことが要求されることもある．これには倫理的問題がいたるところに絡んでおり，厳密にコントロールスタディをやることは不可能であると考えられるが，この問題にはここでは深く触れない．それ以外でも大きな問題点があることを述べる．

　この考え方は，単薬（一つの治療法）が一定条件の下で利くかどうかを調べる「統計的に正しい」考え方だということに根ざしているが，この情報が実際の治療にいかに影響するかは問われていない．この U のとり方は，データの科学の考え方に反している．

　治療の科学化のところで示した考え方がデータの科学による治療の考え方であり，それに則ってデータに基づく治療を考える行き方を示してみよう．治療の科学化に従い，個人差を考え，薬の量は質に変わるという配慮の下に，個人に応じた最も望ましい量をいわゆる匙加減によってデータ化しておくのである．あらゆる方法（心理的なものをも加味する）を動員してデータをとりつつ最適制御を考えるのである．こうして治療の成績をデータ化しておこう．これがある病院であれば当然そこへ来る人の特性は決まっており，その社会的・経済的・文化的特性，諸属性を明確に把握し，記述しておかなくてはならない．ここで A という薬を試験することになる．治療の科学化の思想を根底において，今までの治療法に A を加え，さらにその他の相補う薬の望ましい投与の

ダイナミックを考え，個人差の上に最適量を案じつつ治療を行うのである．そのプロセスはすべて分析に耐えるようにデータ化しておくのである．こうした結果もデータ化しておく．Aを用いなかった以前の状態と用いた以後のデータを比べたとき，Aを用いた方がはるかに成績がよく，患者のQOLも悪くはないという場合，Aを用いることの意味があるわけである．Aそのものが利いた利かぬの機械的議論ではなく，Aを含めての治療法がよかったかどうかが論じられることである．これは，後述する事前-事後 (before-after) 調査法（詳しくは『社会調査ハンドブック』（朝倉書店，近刊）参照）であるがこれでよいのではないかと思う．事前と事後とは諸条件が異なることも考えられるが，この条件を洗い直してあわせて記述しておくことが医学情報として望ましいと考えている．厳密そうにみえて実はあやしいコントロールスタディと，あやしそうにみえて役に立つ治療の科学化に基づく事前-事後調査の方が人の幸いにつながるものと思っている．

　次に動物実験について考えてみよう．この場合のUのとり方である．動物実験が人間に対してどの程度の情報を与えるかは深刻な議論を必要としよう．犬や牛と人間とを比べてもその生理作用はずいぶん異なっており，――もちろん同じところも多い――「…に関して」同一といえるかどうかの議論が先行しようが，このことは専門外であるし当該分野で論じられていることと思うのでここでは触れない．ここではUとしての条件について考えよう．純系の実験動物を用いることがオーソドックスな考え方であり，よいUのとり方と一般に思われている．ここで前記の対照実験が繰り返される．純系の実験動物は本当の動物か――世の中に実在する動物か――がまず疑問に上がる．これについて，実験は現実と同一ではない，実験はその一面を取り上げて精密な因果関係を見いだす．これを積み上げて現象を理解しようとするというのが精密科学の行き方であり，これを手本としていると考えられる．しかし「その一面を取り上げて」，「それらを積み上げて」というその考え方が問題なのである．一面を取り上げて出た結果は全面ではなく一面という切り口が全体との関連性で何を意味しているかである．ある動物の一面の切り口は他の動物の全体の働きの何を意味しているかから考えなくてはならない．生物は一つの切り口の面の積み上げでできているものではなく，多くの切り口のダイナミックな関連性のなかで生きているのであるから，ここから深く考えなければならない．

さて，こうした実験動物の使用は，生物現象を限りなく「試験管の中」に近づけようとする努力にほかならない．実験動物の精密な結果はどう考えたらよいだろうか．私は理論の検討のためだけのものではないかと思っている．データはどうでもよいのであって，理論の検討のための捨て石のようなものと考えているのではないか．仮にこのようなデータを大事にしたところで，実際に何の役に立つかはまったく不明であるし，こうした理論がどう人間に関係してくるかは別の考察を必要としよう．

U のとり方として，現実の動物を取り上げ，これをスプリットハフ（後述，詳しくは『社会調査ハンドブック』参照）しコントロールスタディをしてみるのも一法かと思う（前記の治療は別として動物実験では認められよう）．これは実験動物のように動物間の分散を小さくするのではなく，分散を大きくして考えるということに呼応する．その「現実の動物」の間にあるばらつきを実験に持ち込んでみる．その上で実験結果がどう出るかを調べてみることである．U にばらつきを持ち込み，結果を検討することである．これと前記の純系実験動物による実験の結果をつきあわせ検討すれば，諸般の事情がわかろうというものである．これがデータの科学の考え方で，理論の通用する範囲が調べられることになる．単なる議論ではなく，データによる検討がわれわれの課題である．

2.5　社会調査実施の諸方法

データを実際に取得する方法は現象に応じてさまざまである．私が関与した生態学においては 2.3 節に示した『森林野生動物調査』に書いてあり，医学においては 2.4 節に触れておいた．ここでは問題の多い社会調査に関しての諸方法を述べることになるが，これはすでに『社会調査ハンドブック』にそれぞれの体験を踏まえた記載があるのでそれを参照されたい．ここでは項目のみをあげておく．

- 一対一訪問面接法
- 配布回収・留置・自記式による回答法（郵便で調査法を送り，訪問回収に行く方法もある）
- 郵送法
- 小型コンピュータを用いての訪問調査法（CAPI: computer assisted per-

sonal interviewing など)

- 電話調査* ┤ 有権者名簿また住民票などから個人抽出 → 電話番号を調べ，調査する（あらかじめお願いを出す場合と出さない場合がある）
  RDD (random digit dialing) 法
- インターネットによる調査*
- メーター（機械）を取り付けて自動的に調査する方法（視聴率調査，世帯視聴率，個人視聴率など）
- 集合調査

このほか調査とはいえない街頭調査や選挙における投票所付近の出口調査もよく用いられているが，現行のものは，調査の目的，正しい標本抽出計画を立てていないこと，調査実施のあり方，回答者の回答の信頼性どの点からみても調査といえる代物ではないのでわれわれの考慮外である．

　なお，＊印を付けた調査法は他の方法と異なり，目的とする調査対象集団に対する回収率（調査不能率）は明確に求められないが，相当低いものであり，偏りの存在を排除できないものであるから，代表性を議論することすら誤っている．ここにあげたのは巷間よく用いられているためであるが，代表性を生命とする社会調査法といえるものではない．しかし，これらについても科学的な研究を重ねていけば，偏りはあるが，情報収集の一手段と考えることができよう．こうしたものも「その所を得しめて用いる」という考え方は有用であろう．

2.6　社会調査のさまざまな形

　これについても，対象により多くの方法が考えられる．社会調査においては，これがデータの科学の戦略ともなるものなので，理論的にも実際的にもよく発達している．これも，『社会調査ハンドブック』の記述に譲ろう．項目のみをあげておく．

　定点観測的調査：同一質問，同一調査による一定間隔で行う調査．時系列調査となる．これは注意深く行い，データの動きを見れば誰よりも早く社会の動きを捕捉することができる場合がある．

　臨時調査：定点観測的調査の間をつなぐものとして適宜何か事が生じたとき

に行うが定点観測的調査との関連性をもたせることが知見を大きくする.

パネル調査,同一サンプル継続調査:同一人または同一世帯が継続して調査される方法.脱落サンプル(医学調査ではドロップアウトという)の処置が重要で,ドロップアウトの場合は調査の死命を制することにもなる.

折半(スプリットハーフ,split half)調査:サンプルをランダムに折半し,均質な2グループを作り,それぞれ「同一の質問,異なる質問」を調査し,前者で均質性を確かめ,後者でその差異を検討するための調査.均一性の検討が重要である.

事前-事後調査(before-after survey):あるサンプルを取り上げ,事前に調査しておく.これにある操作を加え,その結果を事後に調査し,事前調査との比較でその操作の影響をみようとする方法.

対照群を用いる実験あるいは調査(control study):これについては2.4節においてすでに述べた.これに事前-事後調査を加味して行う場合がある.

レトロスペクティヴ(retrospective)調査とプロスペクティヴ(prospective)調査:あることが起こったあとで,どうしてそれが起こったかを調べるために調査で合理的——もちろん,ある立場に立っての話であるが——結論を得ようとする調査がレトロスペクティヴ調査である.航空機の大事故が起こったときにつくられる事故調査委員会,ある疾患患者のなぜそうなったかを探る調査などで,将来に向けての何らかの知見を得ようとするもので後向き調査といわれる.

一方,プロスペクティヴ調査は前向きの調査で,予測調査がこれに当たる.健康診断のフォローアップ調査で,どういう人がある疾患にかかりやすいか,リスクファクターの影響はどのくらいかなどを見ることができる.需要予測調査,新製品売れ行き予測,選挙予測調査などがこれに当たる.

2.7 測定論——その1

2.7.1 一般的考察

測定においては U, P, S のスキームをまず頭に入れておき,2.3~2.6節を念頭に入れる.次に測定したものにどう標識を与えるかを考える.通常,実験,調査,観察を用いることになる.測定されたものは,数量で表現する場合(これはディジタル測定の場合もアナログ測定の場合もある),カテゴリー分け

(必ず一つとは限らない)で表現する場合がある．また，絶対判断で測定することもあるし比較に基づく相対判断で測定することもある(比較判断は絶対判断に比べ鋭利なものである)．さらに，自由記述のこともあるし，あらかじめ決められた回答肢に反応させることもある．回答をどれかの回答肢に決定論的に反応させている場合もあるし，確率に反応させることもある．それらしい，これらしいというファジー表現をとることもある．回答に反応する(1)，しない(0)で表現することもあるし，反応を確率論的に表現することもある．いずれにせよ，標識をどう与えるかは測定論の根本問題である．つまり何をどう調べ(測定し)どう表現するかである．測定操作により標識も異なったものになる．定義のはっきりしないものでは測定にならない．たとえば，国富調査を行う場合，埃をかぶった古いコンピュータをどう評価するか，家庭にある金槌を国富として計上するか否か，昔洪水を防ぐために作った現役の堤を国富に入れるか，これらをどう評価するか等，考えるべきことは実に多く，これで初めて調査になるが，これが経済理論で考えている実態概念の国富とどう対応するかを明確にしうるかどうかも検討しなくてはならない．これは一例であるが，何かを調査するとき，概念と測定操作の関係を突きつめて考えることから始めるべきことを注意しておこう．

　次に，理論があり，それに基づいて測定を行う場合を考えてみよう．理論に用いられる変量と測定されるものとが一対一に対応するような精密科学あるいはこれに類した領域においては，ここで述べるような形の問題はない．しかし，人文・社会現象やその他の複雑・曖昧な現象における理論では，それらは一対多(概念一，測定多)の関係にある．たとえば，心理的な力とか抵抗とかいう概念は測定しようとすれば多数の測定があり，どれが正しいということはできない．理論で考えている変量と測定する変量がしっくりと対応しているわけではない*．経済学でも同様で供給とか需要とかいう概念の測定にはさまざまあり，一対多の関係にある．このような関係にある場合，データの科学では一定の測定法で測定されたもののみがデータであり，その意味では操作的なものであり，理論の要求する実態的なものではない．データとデータとの関係がデータの科学の守備範囲なのである．

　＊ こうした領域におけるデータは「理論を確かめる一助」という考えに立って

いるものと考えている．理論（仮説モデル）がある測定によるデータで検証されればそれでよいとさえ思える．大切なのはデータでなく理論であり，理論による現象理解である．これは，データの科学とは一線を画すものである．

2.7.2 測定する諸方法

社会調査の範囲で述べるならば質問文の作成，調査票の構成ということになる．これらについては『社会調査ハンドブック』の各項に詳しいので，ここではそれについて簡単に説明し，最後にデータの科学において特徴的である意外性の質問を加えることの意義，およびおはじきを用いる調査法の意義について述べよう．

質問文作成・調査票構成の定石：これは何をするにつけても必要な基礎であり，この修得はデッサンを習うに等しい．

調査票構成のあり方：調査設計の思想に基づくもので（『社会調査ハンドブック』参照），仮説-検証型では調査の内容が絞り込まれ，問題発見型・探究型では幅広い視点から構成される．

後者においては回答肢法（closed ended question）と自由回答法（open ended question）とを同一種類の調査において併用し，その内容を探るという方法も考案され，また，定石で禁じられているバイアスをかけた質問（biased question）を用い，＋方向，－方向にバイアスをかけ，誘導質問群を用いて回答の強度を測定する方法も考えられている．

調査票構成の方法論：この組織的方法論として確立されているものはわずかしかないが，仮説-検証型としてはガットマン（Louis Guttman）のファセット理論（facet theory, FAと略称）があり，探索型では日本で開発された連鎖的比較調査分析法（cultural link analysis, CLAと略称）がある．

以上は社会調査でなくとも，測定論はどの領域でも必要であるし，調査票構成は測定装置群の採用とデータのとり方と考えれば，同様な考え方が適用できよう．

2.7.3 質問文作成の視点1

質問文をどういう視点で作るかは，調査しようとする問題に大きく依存するが，洞察力を必要とするところが多い．古い例であるが，家族は（あるいは世の中は）「自分を必要としている」と感じることが生き甲斐のキー質問であることを知ったことがある．このような目のつけどころを磨き上げることが必要

である．

　一般論は論じがたいが，ある質問では投影法（projective method）が役に立つこともある．超自然の質問では「いる・ある―ない・ばかばかしい」という存在の次元，「いてほしい，あってほしい―いてほしくない，あってほしくない」の期待の次元，「おもしろい，たのしい―おもしろくない，たのしくない」，「こわい―こわくない」の情緒の次元を同時に与え，回答を選ばせれば，どの次元に反応するか（そのうちのどの回答に反応するかもとれる）がとらえられる．これが超自然（われわれはおばけ質問とニックネームで呼ぶ）の取り扱いとなる．また迷信については，諸迷信を与え，信ずるか，信じないかでなく「まったく気にならない」，「少し気になる」，「たいへん気になる」という情緒レベルで回答をとることにすると，上記おばけ質問と合わせ，ある立場からの合理性の程度を見る「合理（非合理）」スケールを作ることができた．これらについては『日本人の国民性研究』に詳しいので参照されたい．

　また，上記の書にも載っているが，日本の長の条件を考えるとき，長になるための必須の条件（麻雀でいう「上がり」の条件というのがわかりやすい）と長として人気の上がる条件（「ドラ牌」の条件というのがいっそうわかりやすい）を意識的に分離して調査すると，日本人の好む「長のイメージ」が浮かび上がってきた．いかなる政策も光と影とがあるので，計画立案された政策がいかにすばらしくても必ず不具合が見えてくる．この不具合を補い手当てをするのにドラ牌のイメージが大きくものをいうと考えられるので，こうした二面をとらえる調査法が用いられた．

　また，医学の方ではある疾患の誘発要因（initiation，引き金要因ともいう），発生阻止要因，起こったあとで病状を悪化させる promotor（促進要因），促進抑止要因という考え方があるが，これはなかなか面白いもので，この四つは異なった性格と作用をもっている．ひとたび疾患にかかると誘発要因が抑止要因に変わり，阻止要因が促進要因に変わるという場合もあるし，本来の疾患の要因とは無関係であるが疾患要因を育てる，いわば兵站要因というべきものがある場合もある．この考え方はきわめてデータの科学にふさわしく，社会調査にも「上がりとドラ」と同様に応用できるものと思う．

2.7.4　質問文作成の視点 2 ——意外性のある質問の効用

　この興味ある一例は『社会調査ハンドブック』のなかにもあるが，示唆的な

結果の得られた別の例について述べる．データの科学のおもしろい側面を見せたものである．

以下に述べる国民性7か国比較で取り上げた国は，2.4節の U のとり方を示したものである（ただしブラジル日系人はこの質問を行っていないので除外してある）．

一般の国民性調査（意識調査の項目が多い）のなかに次の質問は一見異様に見えるかもしれない．一般の仮説-検証型の人には一蹴される質問である．

ここ1か月の間に次にあげるものに悩みましたか．（かかりましたか．）
[a～eの項目リストを提示して回答をとる]
   a．頭痛，偏頭痛   1 かかったことあり   0 なし
   b．背中の痛み   1 かかったことあり   0 なし
   c．いらいら   1 かかったことあり   0 なし
   d．うつ状態   1 かかったことあり   0 なし
   e．不眠症   1 かかったことあり   0 なし

かかったことがあるという回答の比率を平均したものが次の表2.3に示される．日本は"かかったこと"が少ないのである．フランスの回答が多いのである．この質問はフランスの共同研究者が取り入れることを主張したもので，この分析でその理由がわかったのである．

ラテン系に多く日本人，日系人に少なめでドイツ人も少ない方である．ドイツ人は『日本人の国民性研究』に示すように人間関係重視（あたたかい人間関係を好む）の傾向があり，日本人・日系人（この場合はブラジル日系人を含む）に近い．日独の近いことがこうしたところにも出てきたのが第一に面白い．問題はこれと他の質問との関連性である．その前に男女の差を見よう．いずれの国でも女の方が"かかったこと"が多いのは，まず注目される（表2.4）．その差（男の"かかったことあり"の比率から女の"かかったことあり"の比率を引いたもので，マイナスは女の比率が男より多いことを示す）の

表 2.3 かかった比率の多い順に並べたもの（数字は%）

イタリア人	フランス人	オランダ人	アメリカ人	イギリス人	西海岸の日系人	本土生まれの非ハワイ日系人	ドイツ人	ハワイ日系人	日本人
40	34	29	28	26	24	24	23	19	17

表 2.4 男女差の少ない順に並べたもの（数字は％）

日本人	日系西海岸の人	日系ハワイの人	イギリス人	ドイツ人	イタリア人	オランダ人	フランス人	アメリカ人	非日系ハワイ人	本土生まれのもの
−22	−27	−27	−48	−49	−50	−54	−57	−60		−77

合計をみると，日本は差が少ないのである．つまり日本は総計でそうしたものに"かかったこと"も少ないが男女差も少なく，女の"かかったこと"が世界に比べて大いに少ないことを示している．

アメリカ，フランス，イタリアは差が大きく，女にそうしたものにかかったと表明するものが多く出ているのである．これは面白い．"かかったこと"が女に多いのはどこの国でも同じであるが，男女の差は日本が最も少ないのである．日系人もまた日本人に近く，三者そろってずば抜けて男女差が少ない．この意味は，さまざまなものを含んでおり，含蓄のあるデータである．

さて，これに不安感を加えて分析する．質問は次に示すものである．

> ときどき，自分自身のことや家族のことで不安になることがあると思います．あなたは，次のような危険について不安を感じることがありますか．
> [4段階の回答（1：非常に感じる，2：かなり感じる，3：少しは感じる，4：まったく感じない）のリストを提示して，a〜eそれぞれに回答をとる]
> a．まず，「重い病気」の不安はどの程度でしょうか．
> b．では，「交通事故」についてはどうでしょうか．
> c．では，「失業」についてはどうでしょうか．
> d．では，「戦争」についてはどうでしょうか．
> e．では，「原子力施設の事故」についてはどうでしょうか．

この症状と不安感の両質問を合わせ，国別に数量化Ⅲ類を行うと，カテゴリーの布置（$^1X \times {}^2X$）は，図2.3に概略を示すごとく，きれいな差異が出てきた．

二次元布置を見ると，ヨーロッパの諸国は，症状の有無（健康状態）と不安の有無の間にいわば二次元的には独立的な関係が見られ，日本とアメリカはともに両者が一次元的構造を示すことが出ている．一次元的に，つまり第1軸（^1X）のみで見ると，各国とも同じ傾向（症状あり・不安あり　対　症状な

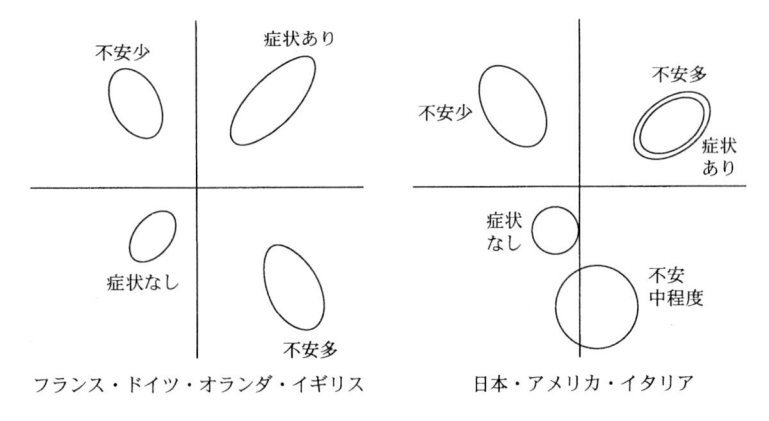

```
         不安少      症状あり                       不安多
     ╱╲         ╱─╲                    不安少       ╱─╲
    │  │       │   │                              │ ○ │症状
    │  │       │   │                   ╱─╲        ╲─╱ あり
     ╲╱         ╲─╱                   │   │
    ─────────────────                 │ 症状│
     ╱╲         ╱╲                    │ なし│      ╱─╲
    │  │       │  │                    ╲─╱       │ 不安│
    │症状      │  │                              │中程度│
    │なし│     │  │                               ╲─╱
     ╲╱         ╲╱
              不安多
    フランス・ドイツ・オランダ・イギリス    日本・アメリカ・イタリア
```

図 2.3 不安感と健康状態の意識構造

し・不安なし）であるが，さらに細部構造を見ると，一次元構造と独立的構造という差が出ているのである．つまり，この多次元的構造で見るとき，両者未分化の日本・アメリカ・イタリアに対する両者分化のヨーロッパ諸国という構図が見いだされる．この点，アメリカ・イタリアと日本は似ているのである．

今度は，社会状況（social conditions, S. C. と略記）とその将来に対する予想の質問を取り上げてみる．

社会状況の質問
Q1　日本人全体の生活水準は，この10年間でどう変わったと思いますか．
（国際比較調査では「日本人」を「（各国名）人」に変える）
（回答肢のリストを提示し回答をとる）
　1．非常によくなった　　4．やや悪くなった
　2．ややよくなった　　　5．非常に悪くなった
　3．変わらない
Q2　あなたの生活水準は，この10年間でどう変わりましたか．（回答肢リスト提示）
　1．非常によくなった　　4．やや悪くなった
　2．ややよくなった　　　5．非常に悪くなった
　3．変わらない
Q3　これから先の5年間に，あなたの生活状態はよくなると思いますか，それとも悪くなると思いますか．（回答肢リスト提示）

　　　　　1．非常によくなるだろう　　4．やや悪くなるだろう
　　　　　2．ややよくなるだろう　　　5．非常に悪くなるだろう
　　　　　3．変わらないだろう
　　Q4　これから先，人々は幸福になると思いますか，不幸になると思いますか．
　　　　　1．幸福に　　　2．不幸に　　　　3．変わらない
　　将来に対する予想の質問
　　Q5　これから先，心の安らかさは，増すと思いますか，減ると思いますか．
　　　　　1．増す　　　　2．減る　　　　　3．変わらない
　　Q6　では，人間の自由は，ふえると思いますか，減ると思いますか．
　　　　　1．ふえる　　　2．減る　　　　　3．変わらない
　　Q7　これから先，人間の健康の面はよくなってゆくと思いますか，悪くなると思いますか．
　　　　　1．よくなる　　2．悪くなる　　　3．変わらない

　この7問と健康状態を合わせ，国別にパタン分類の数量化（III類）を行うと，カテゴリーの布置（$^1X \times ^2X$）は概略，図2.4のようになる．

　二次元構造を見ると，健康状態と社会意識とが独立な形を示すのが，フランス，オランダとイギリスである．一次元的には"症状あり"は"社会状況は悪い"，"将来を悪く見る"と結び付くが，さらに立ち入って分析すると，独立な様相が見えてくるのがこの3か国であり，一次元構造をなすものとして，今度

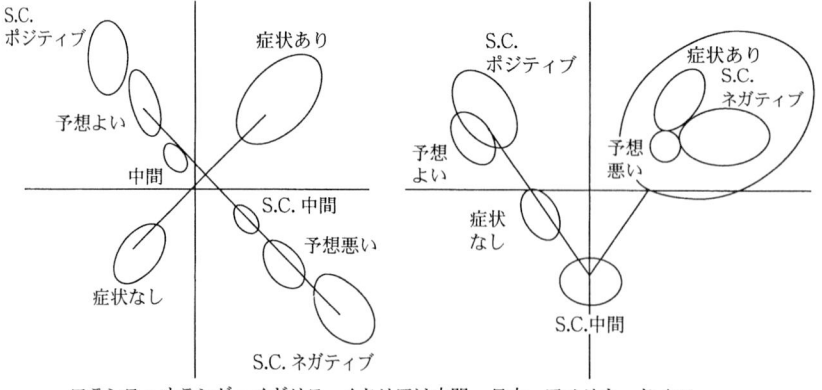

　　フランス・オランダ・イギリス　イタリアは中間　日本・アメリカ・ドイツ

　　　　　　　　図 2.4　社会状況（S. C.），その将来の予想，健康状態の意識構造

は，日本・アメリカにドイツが加わっているのである．これは，症状の有無つまり健康状態と社会意識が未分化，一体をなしているということで，"症状あり"が"社会状況を悪く見る"こと，"将来を悪く見る"ことと一体であり，"症状なし"はよい方の意見に結び付いているのである．イタリアは上記2群の中間にくる．心のもち方のありさまは国により異なっているが，そのなかで，日本とアメリカは一体として意識するものが共通している，つまりこうした問題に関しては，また，前述した一般社会意識では容易に，とくに意識することなく理解しあえる構図をもっていることがわかる．しかしこれは，ここで取り上げた問題でのことであり，別の局面から見ると，たとえば人間関係などにおいては日米は両極にあるのである．

このように結果は示唆的であり，何か新しい局面が露呈されたように見えてきた．全体の様相はさることながら日系アメリカ人の位置が注目される．理屈や社会生活は別として心情はやはり日本人に近いとの感触が得られるのである．理詰めで聞く質問と違ったことが出てきたようで，さらに探索していくときの大事な手がかりになるように思われる．これは，質問票構成における偶然の役割というものである．

2.7.5 おはじきによる回答をとる

日本人は，はっきりものを言わない，イエス・ノーがはっきりしないとよくいわれるが，実際に調査してみると，諸外国に比べて一概にはいえない，時と場合によるなどの回答が外国人に比べてはるかに多い．このことは『日本らしさの構造』，『日本人の国民性研究』に詳しく述べられている．この気持を測るために言葉でなく気持に応じて回答におはじきをおく——たとえばあらかじめ5個なり10個のおはじきを与えておく——という調査法をとってみた．これについても『日本らしさの構造』に詳しいのでそちらに譲ろう．この方法は心理測定で恒常和法（constant sum method）といわれるものと等価である．

さて上記のデータはやや古いのではないかという読者のために，ここでは最も新しい1998年7月に行われた全国調査の例を示しておく（原子力安全システム研究所と社会システム研究所による）．この場合は，おはじきの代わりにシールを貼るようにしてある（図2.5）．

両極端は18%，2個と3個との中間回答は56%となり『日本らしさの構造』に述べたこととあまり変わりはない．この2個と3個の中間回答を見てみよ

電力の供給をふやせば，経済のゆとりや快適な生活ができるが，公害や環境汚染，自然破壊がそれに伴います．電力の供給をふやさなければ，公害や環境汚染，自然破壊が抑えられますが，経済力が低下し生活の不便を我慢しなければならなくなります．この点についてあなたのお考えをお聞かせください．

ここにある5枚のシールを，あなたの気持ちに応じてA，B二つの意見にふり分け，下の枠内にはりつけてください．

A：ある程度の公害や環境汚染・自然破壊が伴うことがあっても，経済のゆとりや快適な生活のため，電気供給をふやす．

B：公害や環境汚染・自然破壊を抑えるため，経済力が低下し生活の不便を我慢しなければならなくなるとしても，電力供給をふやさない．

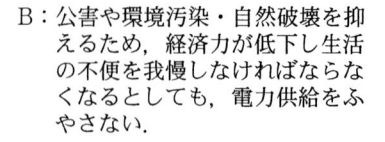

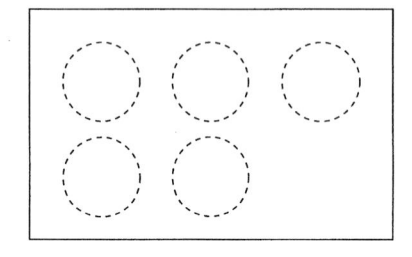

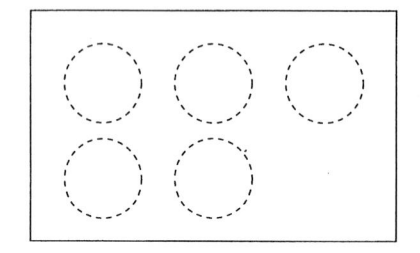

図 2.5 シールによる調査の例

表 2.5 Aに貼ったシールの数の分布 (%)

0	1	2	3	4	5	無回答
14	20	33	23	5	4	1

う．性別では男性54%，女性57%，年齢別に見ると18～29歳で57%，30～39歳で57%，40～59歳で57%，60歳以上で52%と大きな差はない．学歴別では，小学校・中学校卒55%，高校卒57%，大学卒以上で56%とまったく差はない．広い層に行きわたった考え方であるということができよう．

なお，同じ質問は社会システム研究所で1992年以来用いられているが，まったく同じ傾向を示している．

ところで，調査においては調査票という道具を用いて測定するのであるから，質問文のカルテを作っておくのがよい．どういう調査にどういう質問を組み合わせて分析するとどういうことがわかった，というようなことが書き込まれているものである．つまり，この質問文はどんな働きがあるか，どんな面を

測っているかの，いわば質問の性格を示すデータベースである．こうした諸質問文を組み合わせつつ，また新しい質問を加えて調査・分析し，この新しい質問のカルテを作り，その性格を把握しておくことである．手慣れた道具を組み合わせて（これが大事である）探っていってわかるようなことであればよく内容がわかるが，新しいものを探るには，これでは不十分なことが多く，ここで新しい道具——手慣れた道具では見えないもの，意外性を加えたもの——を作っていく必要がある．このようにして素性の知れた測定道具（たとえば質問文，調査票）をデータベースとしてもち，多くの人々の共通財産になればデータの科学にとって望ましいことだと思う．

2.8 測定論——その2

調査においては，調査できなかったもの（調査不能，ノンレスポンス，non-response といわれる）による誤差がまずあげられる．ランダムサンプルである以上，社会調査では調査不能のないものはない．ないとしたらその調査は正確に行われてないことを疑わなければならない．調査不能が多すぎればこれは調査の質を疑うのは当然であろう．現在では不能は多くとも30%以下に抑えたい．かつては20%以下，実験的にとくに注意して行った調査では10%あまりにすることができた．要は調査不能の性格把握である．これについては『社会調査ハンドブック』に詳しく述べられているので，ここでは一例について述べるにとどめる．

もう一つは回答のゆれ（変動）というか回答誤差（レスポンスエラー，response error といわれる）というのが考えられる．これらの取り扱いと分析については『行動計量学序説』の第9章，第10章および『数量化—理論と方法』に詳しいのでそれに譲り，この問題については今日でも同様に存在する一例をあげるにとどめよう．

2.8.1 調査不能（ノンレスポンス）の評価

これについては非営利法人のなかの民法法人（財団・社団のこと）の調査（笹川平和財団による）をあげておこう（3.1節参照）．調査の実施の状況を次に示す（1995年実施，表2.6）．

調査は郵送法によった．民法法人の名簿から1/8の等間隔抽出法によりサンプルを抽出した．

54   2 データをとること

表 2.6 調査のやり方

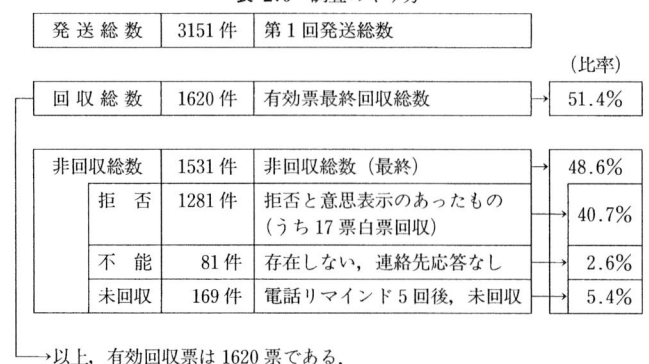

発送総数	3151 件	第 1 回発送総数		(比率)
回収総数	1620 件	有効票最終回収総数	→	51.4%
非回収総数	1531 件	非回収総数（最終）	→	48.6%
拒否	1281 件	拒否と意思表示のあったもの（うち 17 票白票回収）	→	40.7%
不能	81 件	存在しない，連絡先応答なし	→	2.6%
未回収	169 件	電話リマインド 5 回後，未回収	→	5.4%

→以上，有効回収票は 1620 票である．

表 2.7 電話によるリマインド状況

	合計	郵送による回収		電話リマインド回数別回収				
		第 1 回発送	第 2 回発送	1 回	2 回	3 回	4 回	5 回
返送あり	1620	877	558	87	37	38	12	11
	100%	53%	34%	5%	2%	2%	1%	1%

	合計	郵送		電話リマインド回数別回収					不明
		第 1 回発送	第 2 回発送	1 回	2 回	3 回	4 回	5 回	
返送なし	1531	1531	645	335	267	158	61	35	30
	比率		42%	22%	17%	10%	4%	2%	2%

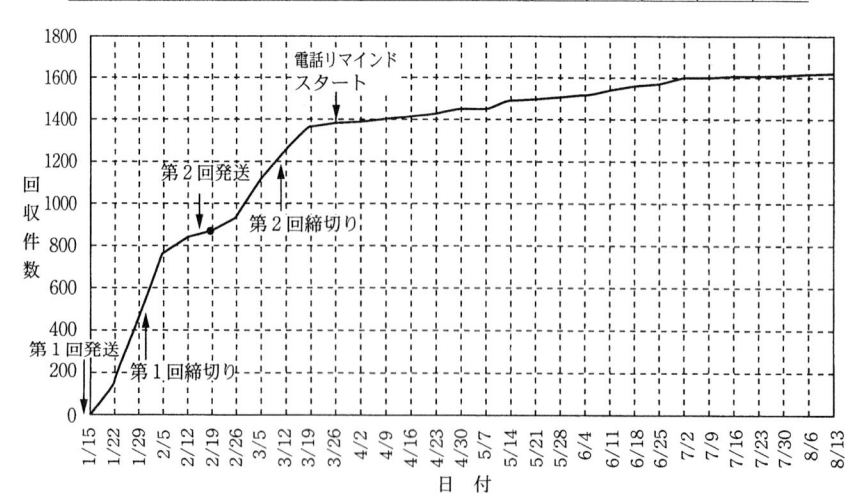

図 2.6 回収状況

調査は，回収が困難なため長期にわたった．その回収状況のグラフは図2.6に示す通りである．回収に際しては，電話によって催促（リマインド）を行った．その状況を表2.7に示す．

回収状況の推移は図2.5の通りである．締切り後にもデータが回収されてくることに注意したい．回収率が増加しなくなったとき再び郵送する．そうすると回収率が上がったが，またすぐに増加しなくなった．ここで電話で催促した様子が示されている．

さて，回収結果をみると国所管・地方所管の財団・社団の状況は表2.8のようになった．

また，3.1節に述べるように民法法人の活動を的確にみる鍵としては「政府・行政業務代行の民法法人と民間主導の民法法人があり，さらにそのなかの仕事や活動内容」について分類してデータを見ることだということがわかった．そこでこれをキーコード（key code）としてコーディングを行ったことが，そこで述べられている．この大事な標識としてのコードについて，ノンレスポンスの性格を調べてみることにした．

まず調査可能であったものの数をL，調査不能であったものの数をMとする．

$$L=\sum_i^I L_i$$

調査できた団体名を調べ名前から予想される性格を考え，L_iとして似たものを集める．つまりLをI個のグループに分ける．ここで，iは「名前の上で似たもの」グループを示す．これは名前から見当のつく仕事の「ジャンル」，

表2.8 回収団体の分布

回収結果	財団	社団	合計	%
国所管	208	200	408	25.18
地方所管	680	532	1212	74.81
合計	888	732	1620	100.00
	54.81%	45.19%	100.00%	
調査対象集団	13079 51.87%	12133 48.13%	25216 100.00	
抽出サンプル	1598 50.71	1553 49.28%	3151 100.00%	

財団・社団の別を考慮に入れる．わからないものは判定不能グループに入れる．次に L_i は調査できているので，上記のコードを調べればどのコードに分布しているかを知ることができる．この作業を行うに際し，名前によるグループ分けとコードがなるべく「よい対応」ができるように名前によるグループ分けを考え，これに習熟することが大事になる．これは，実際に行ってみるとそう難しいことではない．L_i グループの j コードに属するものの個数を L_{ij} とする（コードの総個数は J とする）．

ここで

$$K_{ij} = \frac{L_{ij}}{L_i}, \qquad i=1,2,\cdots,I, \qquad j=1,2,\cdots,J,$$

$$\sum_{j}^{J} K_{ij} = 1$$

を計算する．これは L_i 中のコードの分布を示すことになる．

次に調査不能票を「名前」と財団・社団の別を考慮に入れ，調査可能群のときと同様な考え方でグループ分けをする．これを M_i とする．

$$M_i \cdot K_{ij} = M_{ij}$$

と考えるのである．

調査可能群と調査不能群を加えこれを N_{ij} とする．

$$L_{ij} + M_{ij} = N_{ij}$$

ここで

$$\sum_{i}^{I} N_{ij} = N_j$$

表 2.9 コードによる推計の手順

未回収票1529について次のような手続きで，コードによる推計を行った．
 ステップ1：すでに回収された票を「名前」「名前から判断される仕事のジャンル」（不明のものは不明として一括する）「財団・社団」により細かく分類
 ステップ2：同様に未回収票についても分類
 ステップ3：分類された回収票各々についてコードナンバーごとにカウントし，割合を算出
 ステップ4：ステップ2で分類した未回収票についてステップ3の割合をかけ，推計数を算出
 ステップ5：各分類内でコードごとの推計数を合計し，トータル推計数を算出した

表 2.10 調査不能の性格推定

コード	回収票		未回収票推計		合 計	
	実数	割合%	実数	割合%	実数	割合%
110	2	0.1	2	0.1	4	0.1
121	238	14.7	202	13.2	440	14.0
122	17	1.1	17	1.1	34	1.1
140	584	36.1	583	38.1	1167	37.1
150	29	1.8	27	1.8	56	1.8
160	197	12.2	253	16.6	450	14.3
170	53	3.3	56	3.7	109	3.5
180	2	0.1	2	0.1	4	0.1
231	23	1.4	20	1.3	43	1.4
232	247	15.3	170	11.1	417	13.3
233	14	0.9	8	0.6	22	0.7
234	18	1.1	17	1.1	35	1.1
240	143	8.8	132	8.6	275	8.7
250	22	1.4	22	1.5	44	1.4
260	27	1.7	18	1.2	45	1.4
	計 1616 票		計 1529 票		計 3145 票	

表 2.11 回収と不能の比較 (%)

	回 収	調査不能の推 定	全体計(推定)
100 番台（一般）	69	75	72
200 番台（政府・行政業務代行）	31	25	28

を作れば，調査したグループのコーディングした結果 j の全体での数を推定することができる．この手続きをもう少し具体的に示そう（表2.9）．これをまとめたのが表2.10である．

表2.10で示されたように調査可能群と不能群との間のコーディングに関し多少の差は見られるが顕著なものではなく，むしろよく似ているといえよう．

回収数と未回収数の不一致はコード化不能および四捨五入の誤差による．

これを100番台（一般），200番台（政府・行政業務代行）別にみると表2.11のようになり，回収票に200番台が多く，調査不能（未回収）に100番台のものが多い傾向が出ている．

さて，調査可能のコード別に1団体当たりの支出，収入額を算出し，これを

表 2.12　回収不能票を名前によって活動コード分類した結果で
全体母集団を推計(全体推計倍率 8.007621)　　(金額：単位千円)

	件当たりの支出	件当たりの収入	回収票実数	%	未回収票推計	%	合計	%	推計支出合計	推計収入合計
110	457,698	457,639	2	0.12	2	0.12	4	0.25	14,660,273	14,658,287
121	75,952	96,626	240	14.81	202	12.47	442	27.28	268,820,464	341,994,759
122	52,802	58,436	17	1.05	17	1.05	34	2.10	14,375,939	15,909,847
140	217,291	234,967	586	36.17	583	35.99	1169	72.16	2,034,039,548	2,199,509,214
150	508,266	511,380	29	1.79	27	1.67	56	3.46	227,920,066	229,316,282
160	140,631	163,372	197	12.16	253	15.62	450	27.78	506,754,191	588,700,699
170	938,713	961,100	53	3.27	56	3.46	109	6.73	819,337,464	838,877,361
180	5,147,444	5,282,912	2	0.12	2	0.12	4	0.25	164,875,132	169,214,238
231	262,654	324,311	23	1.42	20	1.23	43	2.65	90,439,218	111,669,268
232	1,009,683	1,090,628	247	15.25	170	10.49	417	25.74	3,371,510,184	3,641,801,419
233	1,355,192	1,502,435	14	0.86	8	0.49	22	1.36	238,740,970	264,680,401
234	1,439,976	1,482,450	18	1.11	17	1.05	35	2.16	403,577,364	415,481,305
240	277,053	286,262	143	8.83	132	8.15	275	16.98	610,096,399	630,376,562
250	359,803	379,965	22	1.36	22	1.36	44	2.72	126,771,458	133,875,035
260	179,130	184,275	27	1.67	18	1.11	45	2.78	64,548,129	66,402,080
合計			1620		1529		3149		8,956,466,799	9,662,466,758

表 2.13　調査可能のものからの推計と不能を含めて
推計したものの比較　　(金額：単位千円)

	支 出	収 入
A　調査可能のものからの推計	9,379,108,805	10,119,723,909
B　調査不能のものを含めての推計	8,956,466,799	9,662,466,758
A−B	422,642,006	457,257,151
(A−B)/A	0.045	0.045

調査サンプルのすべてにのばし，さらに全体の推計を出したものを表2.12に示す．

　表2.12で推計されたものと調査可能のものからの推計とを比較してみると表2.13のようになる．その差は，4.5%であり，「調査可能のものからの推計」がやや多目に出ていることになる．

　しかし，サンプリングの精度計算による誤差幅と比べてみると小さいものであることがわかる．そこで，調査可能なものからの推計について述べたとしても，この程度の偏りは見込むべきであるが，無視しても大局的には大過ないものと考えられた．しかし，この調査不能の分析について大きな陥穽があった．これを次に述べる．

これは調査不能の量的な標識についての検討である．

調査分析の段階において，公益法人の現況（1995年10月1日現在）が内閣総理大臣官房管理室から公表された（公表と略称）．法人総数は25927であり，年度の違いを考慮に入れれば，われわれの対象とした25216と大差はない（公表の年度の方が，新しいことを考えれば，711の差は新設からみて当然である）．

しかし，公表によると支出総額は20.6兆円であり，われわれの推計支出9兆円と著しく差が出ている．この差はどうして出てきたか．調査不能の問題ではないか，つまり，巨額を示す非営利法人がわれわれの調査では調査不能が多くなっていると見られるのではないか，と検討してみた．

そこで規模別比較を行ってみた（以下すべて支出額）ところ表2.14のようになる．

大きいところをみると調査可能からの推定は，比率的には約1/2程度過少になっている．つまり，調査不能に巨大なものが多くなっているのである．いずれにしても比率の絶対的差は0.6%程度の大きさのものにすぎないので，調査における比率表示の分析では偏りはほとんど問題ではない．しかし，量的の分析では大きな差異を生ずることがわかった．50億〜100億円については，推測倍率を変更することにより，大きな偏りは出ないが100億円以上については大きな差異が生じてくる．100億円以上の分布を非公表資料でみると表2.15のようになる．

ちなみに，ここで支出総額の代表として中間値をとり（1000億円以上は仮

表 2.14　規模別比較

	50億〜100億	100億以上
公　表	327 (1.3%)	303 (1.2%)
調査可能からの推定	187 (0.7%)	156 (0.6%)

表 2.15　支出100億円以上の分布

	100億〜199億	200億〜499億	500億〜999億	1000億以上
非公表資料	181	92	30	23
調整数字*	168	86	28	21

* 数字は計326となるが，これは共管があるためで，公表の303に按分比例させるとこの数字になる．

表 2.16 標本の倍率

～50億	～100億
15.45	27.25

に2400億円とする）支出総額を計算してみると2.52兆円, 3.01兆円, 2.10兆円, 5.04兆円で計12.67兆円となり, きわめて大きく, 20.6兆円の約60%を占めていることがわかる. さらに, 1000億円以上の値として2400億円をとっているが, これは疑問と考えられるので, われわれは後に, 所管非営利法人銘鑑を土台として100億円以上の調査を実施することになったが, この銘鑑に記載あるものの最高は6600億円であったこと, われわれの回収サンプルの最大は650億円であったことを考慮に入れると, 過少と考えられよう. 100億円以上の非営利法人の支出額はさらに増大するのではないかと考えられる.

このように考えてくると量的分析においては, 100億円以上のものを含めると, 非営利法人の全貌を見失うおそれがあることになる——数からいって僅少の1%強の100億円以上の非営利法人の影響が強く作用し, 数多い非営利法人の活動の傾向を見誤らせてしまうことになる——ので, 量的分析においては100億円未満と100億円以上のものを層別して分析を進める方が望ましい. なお, 50億～100億円までのものも過少にとられているので, 推計においては標本の倍率を表2.16のようにした.

なお, 前述のように100億円以上は無視できないので, 再び調査をすることになった.

いずれにせよ, 非営利法人はごく小さいものから巨大なものまであり, 量的なものに関しては100億円以上のものが強く影響することがわかってきた.

そこで, 量的なものについては, 支出100億円未満が大半を占める非営利法人の活動の全貌を見誤らないため100億円未満と100億円以上のものに二分し, 分析を施すことにした. なお, 質的な比率表示のものは1%前後の偏りしかないので回収標本をもとに推計することにした.

以上がノンレスポンスの一つの取り扱い方であるが, こうした考えは他のものにも適用できよう.

2.8.2 回答変動（ばらつき）

これについては前述したように『行動計量学序説』の第9章, 第10章に詳

2.8 測定論——その2

しい．再録は避けるのでそちらを参照されたい．これらのデータは古いと思われるので今日でも事情は変わらないことを新しい調査で確かめているが，ここではその一例をあげておこう．

原子力利用の態度に関するもので，データは1998年7月が第1回，1999年10〜12月が第2回の調査である．関西電力配電地区の層別2段無作意標本調査である（原子力安全システム研究所，社会システム研究所，北田淳子による）．

質問は次の通りである．

原子力発電についていろいろおたずねしましたが，全体としてあなたのお考えに近いものを次の中から一つだけ選んでその番号に○を付けてください．
1．安全性には配慮する必要があるが，原子力発電を利用するのがよい．
2．安全性には多少不安があるが，現実的には原子力発電を利用するのもやむをえない．
3．どんなにコストが高く，また環境破壊が伴うにしても，原子力発電よりも安全な発電に頼る方がよい．
4．不便な生活に甘んじても，原子力発電は利用すべきではない．

第1回目，第2回目調査が同一人であるかどうかを諸属性について検討して，一致しているとみなせるもののみについての検討である．2度の調査の周辺分布は表2.17に示す通りかなりよく一致している．

ここで2度のデータの相関表（クロス表）を作ってみた（表2.18）．

完全一致は382で59%である．表2.18の網かけ部分のようにポジティヴ寄り，ネガティヴ寄りに大別すると，485となり（"わからない"という回答肢一致の1を加える）一致は75%となる．さらに他発電によると，利用やむをえないを一段階違いとして同じ回答に属するとみなせば，558となり87%の一致率となる．

表 2.17 原子力利用の態度に関する調査

	周辺分布 (%)					
	利用するのがよい	利用もやむをえない	他の発電に頼るべき	利用すべきでない	わからない	計
第1回目	11	64	15	9	1	100
第2回目	8	65	15	11	1	100

表 2.18 原子力発電態度と原子力発電態度のクロス表

第1回目 \ 第2回目		原子力発電態度					合計
		利用するのがよい	利用もやむをえない	他の発電に頼る	利用すべきでない	わからない	
原子力発電態度	利用するのがよい	15	43	9	2	1	70
	利用もやむをえない	30	310	38	28	5	411
	他の発電に頼る	8	35	35	16	1	95
	利用すべきでない	1	24	14	21		60
	わからない		4	2	1	1	8
合計		54	416	98	68	8	644

これらの回答変動の状況は『行動計量学序説』に書かれているものと同様の傾向であることがわかる．そこのところの議論は今日でも妥当すると考えてよい．

なおこのようなレスポンスのゆれがデータ構造にどういう影響を及ぼすかについては『数量化―理論と方法』の 4.3 節に詳しいのでそこを参照されたい．

3

データを分析すること
――質の検討,簡単な統計量分析からデータの構造発見へ

　分析に入る前にすべきことはいろいろある．調査された個票を読むこと，データの質の評価をしておくことは，以下の3.1節，3.2節に示すが，その次にすべきこととして，組み合わせコードを作っておくことが大事である（この込み入ったものについては3.1節に示してある）．また，いくつかの質問群を組み合わせて，いわば一つの質問の回答肢のようにすることも面白い．たとえば，数問の質問に対して数量化III類を用いたところ，一次元スケールをすることがわかったとしよう．この場合，個人のスケール値の分布を作り，これを内分散最小の考え方でいくつかの分類に区切ってカテゴリー化し，あらためてその質問群の回答版とすることになる．たとえば，科学文明観に関する質問群を調査し，数量化III類を用いると，科学文明に関する楽観―悲観を測る一次元尺度が作られることがわかった．そこでこの数問を一括し，この一次元スケールの個人の値の分布をもとにいくつかの分類としてカテゴリー化，科学に対する楽観―悲観を表す回答肢としてとらえることなどはこの考え方である．数問を1問としてとらえて一次元のコード（回答肢の表現といおう）化するのである．このほか，票個間にインタラクションがあるときは，それらの要因を組み合わせて一つの質問とみなし，回答肢を再コード化することも有効な場合がある．

3.1　個票を読むことの重要性

　まず，調査（実験）の原点に戻り，一つ一つのデータ（社会調査なら個人について調べられたその調査票，個票という）を精査すること，つまりしっかり読むことである．これは単なる事務ではない．データの意味を知ることであ

る.「人間という類まれなすぐれたコンピュータがその蓄積された知慧と知見と体験をソフトとしてデータ処理を行う」と考えればよい.

　社会調査の場合，個票を見ることによって，面接調査の場合なら，調査員または調査に携わった者が作ったもの（チーティングという）か本当の回答かを見分けることができる．調査票のよごれ方，回答の印の付け方，自由回答のとり方，などがその視点となる．自記式の場合は，回答の印の付け方から，自由回答の筆跡からその「くせ」が異なっているならそれは記入者が異なることになり，調査員のミスということになる．こうしたことを見分けることもできる．

　調査票を数多く見ていると，今度は調査回答の総合パターンの特色が見えてきて分析の視点がわかってくることがある．つまり，豊かな情報を取り出すための手掛かりを見いだすことができてくる．

　他所のデータであっても，個票が公開されていればそれを読むことにより，調査の質も評価でき，また分析の方策を同様に立てられる．可能ならばコンピュータで打ち出されたコードの羅列でなく，もとの調査票であることが最上である．実験や現場の場合も同様であり，一つ一つのデータの実験条件やデータのとられた条件がしっかりと書かれているかどうかを読むことが大事である．

　こうしたことが読めるためには，自ら実際に調査や実験に関与した経験が大いにものをいうのである．これなくしてはデータの科学を研究する資格はない．

　以上はあまりにも抽象的なので，2.8 節であげた民法法人調査（1995 年，笹川平和財団による調査）において体験した例を述べてみよう（林知己夫・入山映：『公益法人の実像』，ダイヤモンド社，1997）．

　一つ一つの財団・社団の調査票を見ていくうちに一般民間法人と政府行政代行事務を行う法人があり，その性格や活動内容を異にすることがわかってきた．

　そこでこの二つの分類を行うために次の調査項目を用い，それを総合して上記の分類を主体とする新しい組み合わせコードを作った．項目として，設立時のおもな出資者，理事長，事務局長の現職・前歴，収入源を一応の基準とした（表 3.1）．

　表 3.1 中の○印は次のおのおのに該当することを意味する．すなわち，おも

3.1 個票を読むことの重要性

表 3.1 組み合わせコード

おもな出資者	○	○	○	○	×	×	×	×
理事長・事務局長	○	○	×	×	○	○	×	×
収入源	○	×	○	×	○	×	○	×
判定の原則	行	行	行	民	行	民	民	民

な出資者の○印は大半が国, 地方自治体から出されている場合, 理事長, 事務局長では国や地方自治体出身の場合, 収入源としては国や地方自治体からの費用が50%を超える場合である. ×はそれに該当しないことを意味する. 判定の「行」は政府・行政事務代行を意味し, 民はそうでないものを示してある. また, 判定が困難な場合は事務内容の記述をもとにして判定を下した.

これをまとめて非営利法人の活動内容がわかるように総合的判断を行いコード化した. その内容一覧と新しいコードは表3.2に示してある.

このコードが財団・社団の姿を見るのにいかに重要であったかを次に示そう.

個々別々の要因で分析し, 全体の傾向を見たとき, それはそれなりに理解できても鳥瞰図なくしては, 「とどのつまりどうなのか」をつかむことは難しい. そこで, それらを総合したとき, 多様な相のなかを貫流する筋道のようなものを, 見いだすことができるならば見通しがよいと考えた.

つまり, 日本の財団・社団の全貌・概貌の核がどのようにまとめられるか, われわれの取り上げた諸要因に関して, 日本の財団・社団がどのような構造を示すかを調べてみることである.

これは, 日本の財団・社団がどういう情勢にあるかを諸要因との関連で多次元的・総合的に明らかにすることを意図するものである. こうして, 活動のさまをどのように総合すれば見通しのよい把握ができるかがこれからの焦点になる. まず, このような諸要因の絡みから, 上記の非営利法人の活動の何が浮き出して見えてくるかを考えることになるが, これに最も適した方法が数量化Ⅲ類なのである. こうして諸項目の関連性を通してみた諸要因の類似性を図表化することになり, これから非営利法人の内容を理解できることになる. 具体的な手続きに入ろう.

ここで取り上げる要因は次の通りである.

1. 財団・社団の別

表 3.2 公益法人コーディング一覧

新しいコード	内容			備考
110		1. 純粋な第三者的立場		
121	I 非政府・行政	2. 活動の多様性と任意性の自由性	① 理念上「脱一般公平性」の容認	公平の原則を乱す必要のあるもの，たとえば助成，表彰，調査，研究等
122			② 実際上の脱法律，脱制約	後援会，学会等
140		3. 非実用・社会的重要性		福祉，環境，学術，文化振興，国際交流，村おこし，教室
150		4. 営利不成立・社会的必要性		教習所，職業訓練校，特殊病院
160		5. 連絡ネットワーク		諸サービスの中間手段としての
170		6. 営利事業と区別困難		
180		7. その他		
231	II 政府・行政業務代行	1. 政府行政業務の代行	① 理念上「実行できないこと」の実行	隠れ蓑，本音の容認，学問・学術・芸術への助成など．文化侵略・方策といわれるもの，たとえば，海外日系人との交流，日本語教育，技術訓練，日本PR，「歴史認識」関連
232			②-1 業務遂行の容易性・経営の合理化・円滑化・効率化業務代行	
233			②-2 業務遂行の容易性・経営の合理化・円滑化・効率化トンネル	
234			③ 脱会計法・設置法	政府では売れない，国立病院では売れないので代行販売する機関等
240		2. 非実用・社会的重要性		福祉，環境，学術，文化振興，国際交流，村おこし
250		3. 営利不成立・社会的必要性		僻地のお風呂，僻地の理髪店，特殊病院・障害者病院・老人病院の売店
260		4. 連絡ネットワーク		諸サービスの中間手段としての

3.1 個票を読むことの重要性

2. 法人の活動内容のコーディング
3. 活動内容
4. 活動分野
5. 出資者
6. 収入源
   自己資金, 事業収入, 会費, 振興費・補助金・寄付金, 事業委託
7. 収益事業の有無と公益事業の有無
8. 特定公益増進法人の有無
9. 特定寄付の有無
10. 設立年次

取り上げた諸要因のカテゴリーの記号は表 3.3 に示す. 分析した結果, 二次元表示で大局的情報が読み取れたのでこれを図表化したのが図 3.1 である.

図 3.1 を説明してみよう.

まず X 軸について見てみよう. 右側に社団, 左側に財団がきており, 財団と社団とが活動的に分離していることが見いだされた. 社団の位置のまわりには, 社団としての特色のある要因カテゴリーがきているのである. 出資者では基金なし, 活動内容（コーディング）では第三者的立場, 非実用・社会的重要性, 連絡ネットワーク, その他（以上コードの 100 番台）, コードの 200 番台では連絡ネットワークのみがここに入る. 活動内容では, 調査・研究の実施, 検査・検定業務実施, ネットワーク・連絡によるサービス, 会員の親睦, 海外協力. 活動分野では生活, 高齢者福祉, 雇用・労働, 人権・平和, 自然環境・生物保護, 国際交流, 政治・経済・行政, 経済・財政・金融, 交通, 情報・通信. 収入源では会費収入, 国からの補助金. 事業受託では自治体からの受託以外のすべてというのが見いだされる. これが財団と比べた社団の特色となっている.

財団側は大きくばらついているが, そのなかで Y 軸の上方は主としてコードの 200 番台, つまり政府・行政業務代行, 下方は助成・表彰, 理念上の多様性・自由というのが見いだされる.

左上方：財団で行政・政府業務代行の特色

  出資者 自治体, 国

表 3.3　諸要因のカテゴリー記号

種別	A1 財団 2 社団
設立年	B1 昭和50年以降 2 昭和20～49年 3 戦前
出資者	C1 個人 2 企業 ③ 団体 4 自治体 5 国 6 その他 7 基金なし
非営利法人の活動内容	D1 純粋な第三者的立場 2 理念上「脱一般公平性」の容認 3 脱法律，脱制約 4 非実用・社会的重要性 ⑤ 営利不成立・社会的必要性 6 連絡ネットワーク 7 営利的事業と区別困難 8 その他 ⑨ 理念上 10 業務代行 11 トンネル 12 脱会計法・脱設置法 13 非実用・社会的重要性 14 営利不成立・社会的必要性 15 連絡ネットワーク
活動内容	E1 助成・表彰 2 奨学金の支給・貸与 3 調査・研究の実施 4 検査・検定業務の実施 5 啓発・普及活動 6 ネットワーク・連絡によるサービス便宜供与 7 会員の親睦・情報交換 8 調整 9 補助金・振興費等の配分 10 海外協力 11 施設・設備の運営 12 事業実施 13 その他の活動
活動分野	F1 生活 2 保健・衛生・医療 3 スポーツ・レクリエーション 4 学術・科学 5 福祉 6 高齢者福祉 7 雇用・労働 8 居住・都市問題 9 教育 ⑩ 芸術・文化 11 宗教 12 人権・平和 13 自然環境・生物保護 14 国際交流 15 政治・経済・行政 16 経済・財政・金融 17 交通 18 情報・通信 19 農林漁業 20 その他の二次・三次産業
収入（あり）	G① 財産運用による自己資金 2 会費収入 3 公益事業収入 4 収益事業収入 5 個人からの寄付金 6 企業からの寄付金 7 団体からの寄付または助成金 8 自治体からの補助金 9 国からの補助金 10 それ以外からの補助金 11 個人からの受託 12 企業からの受託 13 団体からの受託 14 自治体からの受託 15 国からの受託 16 それ以外からの受託
事業費支出	H1 公益あり&収益あり 2 公益あり&収益なし 3 公益なし&収益あり 4 公益なし&収益なし
免税措置認定	I1 特定公益増進法人あり 2 特定公益増進法人なし 3 指定寄付あり 4 指定寄付なし

3.1 個票を読むことの重要性

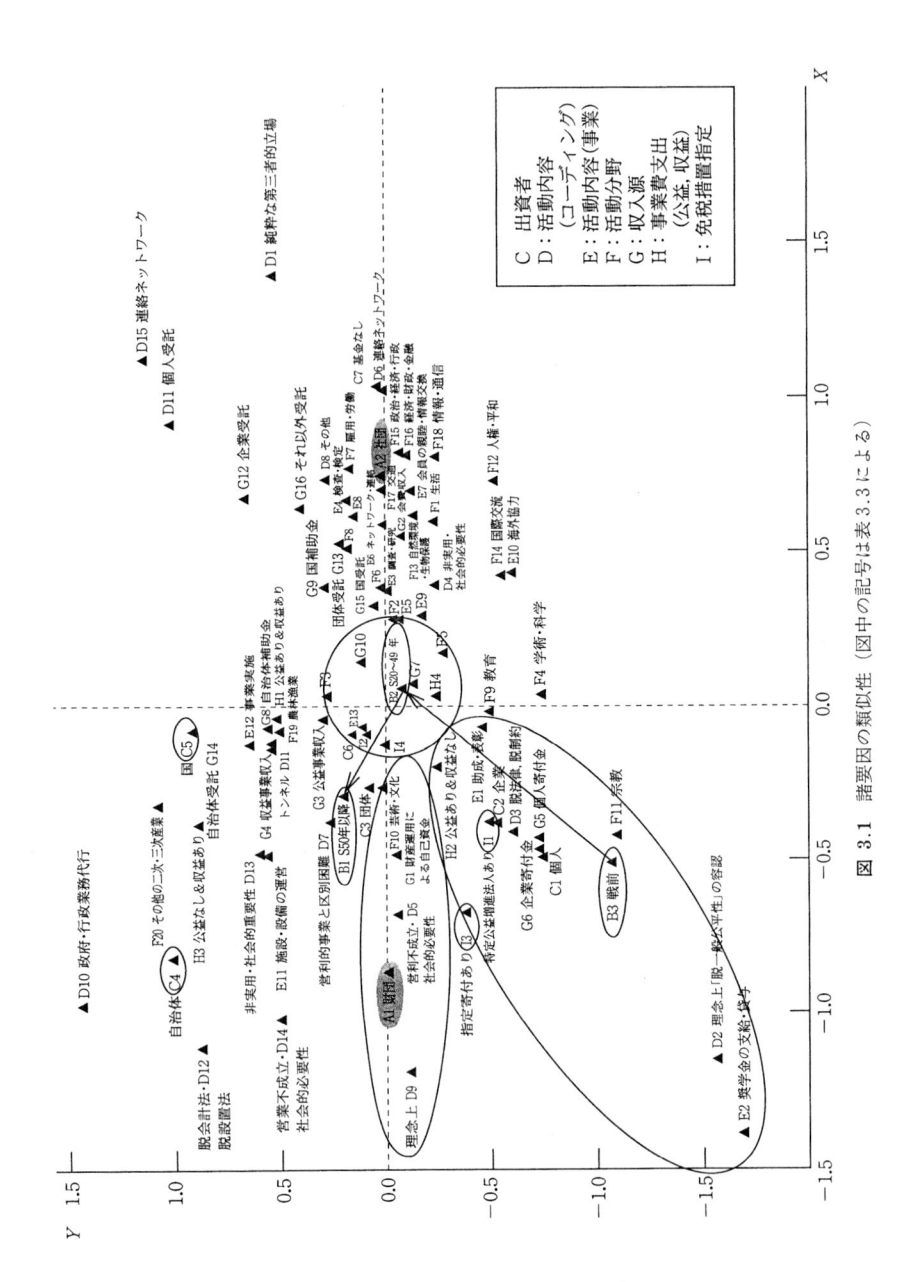

図 3.1 諸要因の類似性（図中の記号は表 3.3.3 による）

　　　　活動内容　　コードの200番台（ただし理念上と連絡ネットワーク除く）
　　　　活動内容　　施設運営，事業実施
　　　　活動分野　　農林漁業，その他の二次・三次産業
　　　　収入源　　　公益事業収入，収益事業収入，自治体からの補助金，委託費
　　　　事業支出　　公益事業あり ＆ 収益事業あり
　　　　　　　　　　公益事業なし ＆ 収益事業あり
　左下方：財団で理念上の多様性自由を主とするもの
　　　　出資者　　　個人，企業
　　　　活動内容　　理念上の多様性・自由（脱一般公平性の容認および脱法律，脱制約性）
　　　　活動内容　　助成・表彰，奨学金の支給・貸与
　　　　活動分野　　宗教，教育
　　　　収入源　　　個人，企業からの寄付
　　　　免税措置　　特定公益増進法人の指定あり
　　　　　　　　　　指定寄付あり
　以上の両者に共通する財団の特色は
　　　　出資者　　　団体
　　　　活動内容　　コードの100番台の営業不成立・社会的必要性
　　　　　　　　　　コードの200番台の理念上の多様性・自由（脱政府）
　　　　活動分野　　芸術・文化
　　　　収入源　　　自己資金
　コードの200番台以外の財団・社団の中間の活動分野の学術・科学が見られる．
　以上のようにまとめて，日本の財団・社団の多次元的性格を総括的にとらえてみると，まず財団・社団の別が大きな柱となっていることがわかる．つまり，財団と社団との活動のあり方の差異が特徴的に浮かび出てきたのである．次に財団側が大きく特徴的に分かれてきており，政府・行政業務代行の財団とそれ以外の一般の財団の活動の特徴が描き出されてきたのである．政府・行政業務代行のなかでも社団側においては，ネットワーク活動に関するものが見い

だされているのは興味深い．

また，設立年次との関係がきわめて明確に描き出されている．戦前設立のカテゴリーは財団側で図3.1の左下方にあり，おもな出資者は企業，個人で，その寄付で成立しており，理念上の自由・多様性を示すものが多かったと見受けられる．その事業は奨学金の支給，助成・表彰である．1945〜74（昭和20〜49）年設立のものはほぼバランスよく中央に位置し，さまざまな性格の非営利法人が設立されていたことがわかる．1975（昭和50）年以後においては，政府・行政業務代行の財団や脱会計法のための財団か社会的必要性・社会的重要性のための財団などが，より多く設立されている傾向が見いだせるのである．つまり，より具体的にいえば自治体がおもな出資者となり，その補助金，事業受託，収益事業で運営される傾向があるということになろう．事業分野は産業に関するもので活動内容は施設運営，事業実施がより多く見られるのである．時の流れとともに財団・社団の設立傾向が変わる姿が浮かび出したといえよう．

このように，調査票を読むことによって見いだしたコードと数量化III類とが，日本の財団・社団の大局的姿を浮かび上がらせたといえる．

3.2 データの質の評価

データの質の評価は分析を始めるに当たって非常に重要な問題である．調査全体においてはノンレスポンスエラーの評価，レスポンスエラーの把握，調査不能率の多寡があるが，これについてはすでに2.8節において述べた．ここでは，個別データの質を考える問題を考える．

3.2.1 個票のチェック

ここでは，あがってきた個々の調査票に基づく質を高める方法を示しておこう．抽象的に述べても内容が理解しにくいので，前から述べている財団・社団調査について見てみよう．これは郵送調査であった．

回収された標本をみると不完全票がきわめて多かったので，回収後，回収票の不備，調査内容の確認・補填のため全票について電話フォローを実施した．この結果，回答拒否は別として，調査票に対する回答は，この限りにおいて，形式的には可及的に信頼できるものになった．しかし，これだけでは不十分なものもあるので（実態を調査する項目の一部には検討を要するものがある），

これについて次に示すような検討を行った.

実態的項目に関するおもなものは,収入,支出,常勤人数である.これを取り上げ,データを「常勤人数×支出階級」,「収入階級×支出階級」に分類し,著しい不つり合いのあるものについて電話調査を行い,回答の誤りであるものは修正し,理由のあるものはその理由を明らかにして,データはそのままにした.常勤人数は別として収入・支出に関しては,大きな変更は少なかった.この結果は表3.4,表3.5に示す通りである.

これを図3.2のように左下部,右上部,バランスと分ける.表3.4の左下部にあるものは,支出の割に常勤職員の多いものであり,これは出向常勤人数が多いことが判明した.また右上部のもの,常勤職員の割に支出の多いものであり,これは,非常勤職員により仕事が多く行われているものであることが判明した.

表3.5において左下部,支出の割に,収入の少ないものであるがこれは存在していない.右上部収入の割に支出の少ないものは,多少存在するが退職金を取り扱うもので,収入は多いが,それを施行しない場合——つまり貯蓄・積み立てをしている場合——であり,また設立後収入はあるが事業を開始していない場合であることが判明した.収入,支出のバランスはとれていることが示されている.

このようにして実態的な質問に関する回答内容をチェックしたので,回答内容は可及的に信頼できるものとなった.

これは調査票のチェックで,論理的チェック(logical check)といわれるものである.一例として,男の主婦というのが出てきた場合,おかしいということがいわれる.よく調べてみたら主婦というのは記入ミスで「家事従業者」

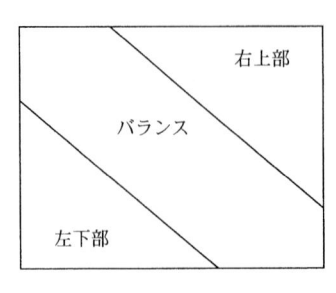

図 3.2 表の区分

3.2 データの質の評価

表 3.4 支出と常勤者のクロス集計

	3000万以下	3000万〜5000万以下	5000万〜1億以下	1億〜3億以下	3億〜5億以下	5億〜10億以下	10億〜30億以下	30億〜50億以下	50億〜100億以下	100億〜	回答無	合計
0人	202	9	14	10	0	0	1	0	0	0	3	239
1人	139	10	12	17	3	5	2	0	0	0	7	195
2人	123	35	25	14	2	3	1	0	0	0	2	205
3人	72	34	17	17	3	3	1	2	0	0	1	150
4〜9人	76	68	85	98	21	16	8	2	0	0	5	379
10〜14人	6	9	17	45	14	7	7	2	1	1	4	112
15〜19人	1	2	3	47	14	6	3	1	1	1	2	78
20〜29人	1	0	4	29	18	12	4	0	1	1	1	73
30〜49人	0	0	0	18	18	14	7	2	2	1	1	60
50〜69人	2	0	0	3	3	14	8	0	1	0	1	32
70〜99人	0	0	0	1	2	9	6	0	0	0	0	18
100人以上	1	0	0	1	1	5	16	3	6	8	1	42
回答無	1	7	6	13	0	3	0	0	0	0	7	37
合計	624	174	183	312	99	97	64	10	12	10	35	1620

表 3.5 収入と支出のクロス集計

支出＼収入	3000万以下	3000万〜5000万以下	5000万〜1億以下	1億〜3億以下	3億〜5億以下	5億〜10億以下	10億〜30億以下	30億〜50億以下	50億〜100億以下	100億〜	回答無	合計
3000万以下	575	30	9	4	1	0	1	0	0	0	4	624
3000万〜5000万以下	4	139	30	1	0	0	0	0	0	0	0	174
5000万〜1億以下	1	3	159	19	0	1	1	0	0	0	0	183
1億〜3億以下	1	0	4	285	20	1	1	0	0	0	0	312
3億〜5億以下	0	0	0	6	78	14	1	0	0	0	0	99
5億〜10億以下	0	0	0	1	0	89	6	0	0	0	0	97
10億〜30億以下	0	0	0	0	0	3	61	0	0	0	0	64
30億〜50億以下	0	0	0	0	0	0	0	10	0	0	0	10
50億〜100億以下	0	0	0	0	0	0	0	0	11	1	0	12
100億〜	0	0	0	0	0	0	0	0	0	10	0	10
回答無	6	1	1	2	1	0	0	0	1	0	23	35
合計	587	173	204	317	101	107	70	10	13	11	27	1620

ということであった場合もあったという．女性が外で働き，男性が育児・家事一切を行っているという場合である．名前によって女の名前なのに男性とチェックしてあるのはおかしい（逆の場合もある）という場合もある．田中三江とあるのを「みつえ」と読めば女であるが「さんこう」と読めば男である．佐藤三雄は「みつお」と読んで男と思ったら「みお」と読み女である場合もある．緑という名前は男にも女にもある．また「さやか」と平仮名で書く男性のあることを知った．名前による性別変更は軽々しく行ってはいけない．チェックは必要であるが，ある立場から合理化しすぎた回答の修正は絶対に行ってはならない．

　このように，論理的に関連が必然的に存在するのに，それに反するデータが出てきたとき，検討しなおしてみることである．何度も繰り返すが，自分が合理的と考える方向に回答を修正してはいけないということである．

　これに類したことで，実験など行い，データを得たとき，とび離れたデータがある場合，これを extreme value として棄却するために統計的検定を用いてあるのをよく見かけるが，上記の「合理化」の大きな誤りである．こうしたデータがあればすべてのデータの条件を洗いなおし，問題がなければ棄ててはいけない．離れているからというだけでデータを統計的検定のみで捨ててしまうのは論理的におかしいことである．データを上述のようにして棄てるのは理論・モデル至上の考え方であって，データの科学のすることではない．

3.2.2 調査における誤差

　ここでは，調査において誤差は各段階で起こること，またこれを制御することは質を高めることになるということについて述べよう．

　調査の誤差はそのすべての段階で起こる．調査する主体がどこであるかによって起こる——電力会社が電力会社のイメージをきけば好意的な回答が増加するし，A新聞社が選挙の出口調査をすればA新聞社の論調や報道姿勢に反対の人は拒否する可能性は高くなる等——誤差，目的とする調査対象と調査に際しての現実のユニバースとの差によって起こる誤差，標本抽出に関する推定の分散，標本抽出の方法と推定方法によって生ずる偏り，調査する方法による誤差（調査方法による違い，3.4節参照），調査員による誤差，回答者の回答誤差（うそを答える，そのほか2.8節で述べた回答のゆれ），質問文の作り方による誤差，調査票の構成，質問順序による誤差（あるいは回答の差異）等があ

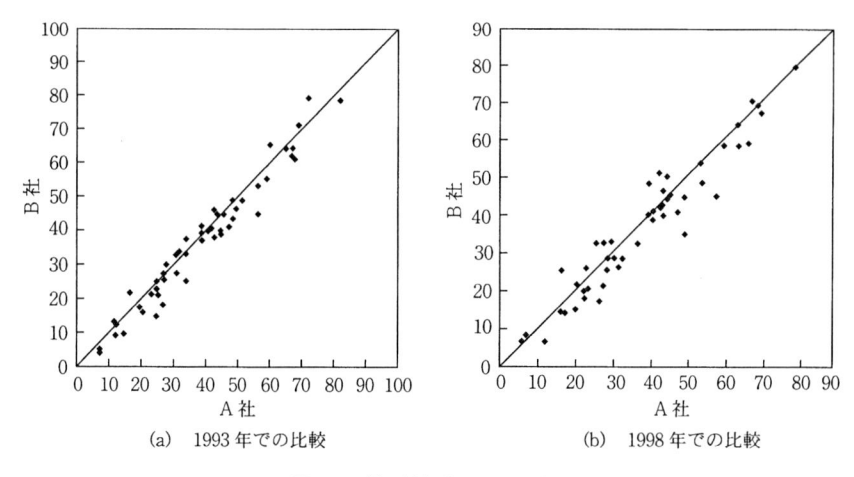

図 3.3 国民性調査の結果の差異

(a) 1993 年での比較　　(b) 1998 年での比較

げられるが（そのほか調査不能による誤差も前述のように大事なことである），それぞれ数量的に評価しておくことが望ましい．あるいは，既存の知識で確認しておくことが望ましい（『社会調査ハンドブック』の各項参照）．

1) 調査機関による差

また，調査機関による差もあると考えられる場合は，二つの調査機関に依託してその差を把握しておくことも重要である．統計数理研究所の「国民性調査」では 1993 と 1998 年に A，B の 2 機関に調査を依託し，その関連を調べた．この結果を図 3.3 に示す．

多少のずれは見込まれるが，単純集計に関する限り大局的には大きな差異は見られず，現状ではまず問題はなかった．さらに検討を進めるには，それぞれでクロス表の比較（属性別，質問間のクロス表）をしたり，数量化 III 類によるパターンの差異を比較したりすることが望ましい．

2) 国際比較調査における質の検討 1――クォータ法の比較

すべてのところでランダムサンプルがとられていれば，また調査実施・調査不能の取り扱いが，統計的良心に基づいていれば問題ないが，諸外国の調査は主としてランダムサンプルでなくクォータサンプルである．そのためランダムサンプルとの比較をしておくことが必要になる．アメリカ本土の調査の例であるが，一方はミシガン大学の ISR (Institute for Social Research) による調

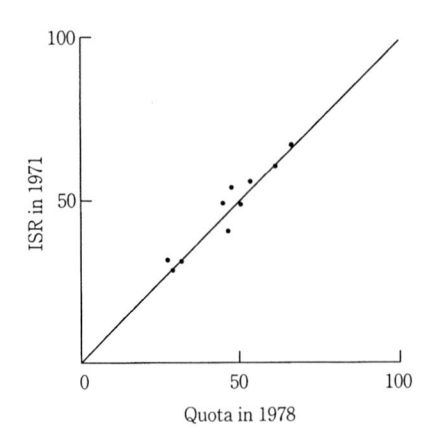

図 3.4 ランダムサンプルとクォータサンプル

査(ランダムサンプル),一方はわれわれの行ったギャラップ調査である(クォータサンプル,1978 年).質問は人間の信頼感を見るための 3 問である.ともに全国一対一面接調査である.図 3.4 のように全体ではかなりよく一致していることがわかり,この点一つの目安となる.

1987～93 年にわれわれが行った国民性 7 か国比較調査のうち,国民性調査関係の 3 問(スジかまるくか,めんどうをみる課長,アリとキリギリス)が 1996～97 年国立国語研究所の調査で用いられた.同じ 7 か国のデータをつき合わせてみた.いずれも全国,一対一面接調査である.図 3.5 のようにほぼ一致しているが,15% くらいの差は認められる.いずれも 10 年くらいで変化するような質問文ではない.やはり,クォータ法のそのときどきの恣意的なゆれが出ているのではないかと思われる.

各国別に 2 回の調査におけるすべての回答肢の支持比率の差の絶対値の平均を出してみると,次のようになった.ランダムサンプルである日本での差が最も少ない.ランダムサンプリングの誤差内におさまっている.アメリカはさすがにクォータに慣れている.

日本 (J)	2.8%	イタリア (I)	9.8%
アメリカ (A)	3.3%	オランダ (D)	10.8%
イギリス (E)	5.7%	フランス (F)	12.3%
ドイツ (G)	8.2%		

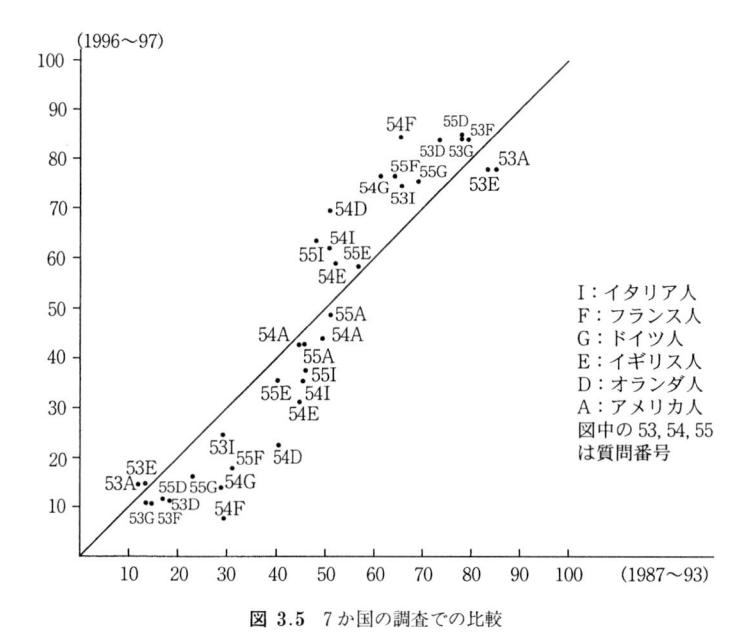

3.2 データの質の評価　　　77

図 3.5　7 か国の調査での比較

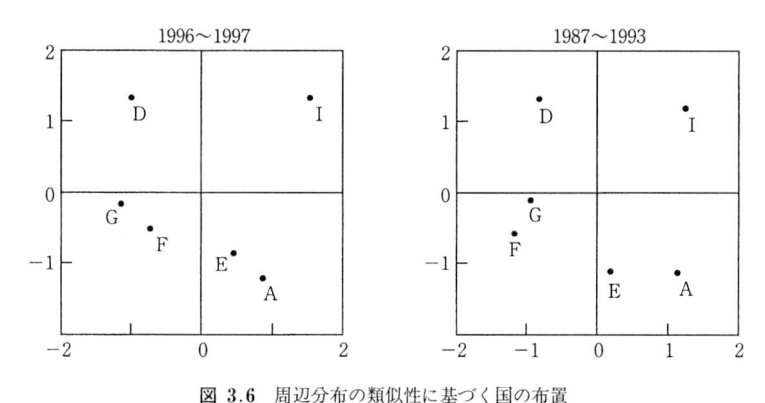

図 3.6　周辺分布の類似性に基づく国の布置

この程度の差を見込んでおく必要がある．

このデータを用い，周辺分布の類似性をもとに国の間の布置を数量化 III 類を用いて行ってみると，図 3.6 のように時期的に構造は大きな差はなく，この意味でクォータサンプリングでもこの程度の構造の類似性は見いだされる．

3) 国際比較調査における質の検討——翻訳による差異の検討

質の検討でもう一つの例を紹介しておこう．これは国際比較における翻訳の問題である．

国際比較では，翻訳は重要な問題である．いわゆる原文を翻訳し，またそれをもとに戻す翻訳をする．さらにこれを再翻訳する等の手続きが必要になる．このようにして，翻訳が満足すべき状態になっているかを検討する．これは『社会調査と数量化』『日本人の国民性研究』『日本らしさの構造』に詳述されているので繰り返さないが，ただ，全体の結果を見てみよう．Ⓐ というのは，「翻訳上問題のないこなれた文章の質問文」と，「翻訳上多少ずれていると感じられた英語質問文の直訳を用いた質問文」からなる調査票による調査である．

Ⓑ というのは，「翻訳上問題のないこなれた文章の質問文」と「翻訳されたものが日本文と多少ずれていると思われた場合は日本文によるそのものの質問文」，また「英語の質問文とそれから翻訳された他国語の質問文がずれていると思われた場合には，他国語の方の質問文から直訳された質問文」，という3種類のものよりなる調査票による調査である．Ⓐ と Ⓑ による全国ランダムサンプリングによる調査（一対一面接法）を折半法（スプリットハーフ法）によって行った．図 3.7 は同一質問による結果，図 3.8 は異なったニュアンスをもつ質問文による結果を示す．

図 3.7 はきれいにそろっているが，図 3.8 はややばらつく傾向がみられ，し

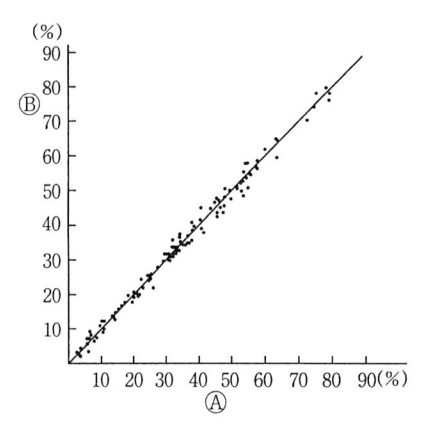

図 3.7 同一質問による回答比率の関係
（スプリットハーフによるサンプル）

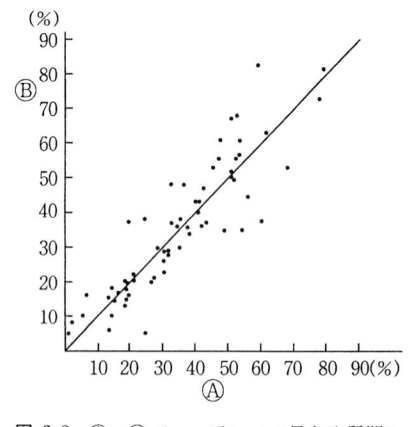

図 3.8 Ⓐ, Ⓑ でニュアンスの異なる質問による回答比率の関係（スプリットハーフによるサンプル）

かし翻訳の差もせいぜい15%程度ということになっている．これを検討するために「前置き」を書かないと理解しにくいのでそれから始める．

ここで，世界における日本の位置を見るために調査票全質問を用いて分析を行ってみた．ほとんどすべての質問について意見分布と，スケールの分布（質問文の群からいくつかのスケールが構成された）を用いているが，ただ，文化発展の状況に強く影響される環境とコンピュータに関するもののみ除外した．

この国別の回答の単純集計の分布表（国数×総回答肢数のパーセント表を用いる．例外はあるが，原則として一質問から一つの回答肢が使われた．例外は回答肢が一つ一つ異なった意味をもつ場合，スケールのときは特徴的なスケール値の場合である）を用いて，数量化Ⅲ類，このヴァリエーションの相関表の数量化——これは国と回答カテゴリーの間の相関関係を最大にする数量化と等価になる——を行った．この結果，国の布置，第1軸×第2軸（$^1X \times {}^2X$）をみると図3.9のようになり，予想した通りの日本人（J）・アメリカ人（A）・フランス人（F）とイタリア人（I）を頂点とする三極構造の図柄が現れてきた．ただし，アメリカ・フランス間の距離は，それらの国々の日本との距

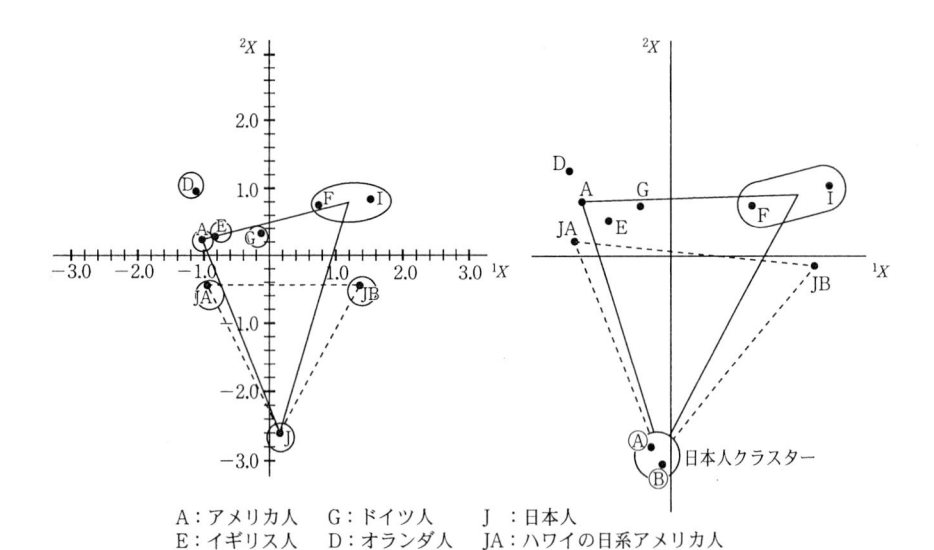

A：アメリカ人　G：ドイツ人　　J：日本人
E：イギリス人　D：オランダ人　JA：ハワイの日系アメリカ人
F：フランス人　I：イタリア人　JB：ブラジルの日系ブラジル人

図 3.9 調査票 Ⓐ を用いた諸国の布置図　　**図 3.10** 調査票 Ⓐ，Ⓑ を用いた諸国の布置図 日本人クラスターに注意．

離よりも小さくなっている．そして，日本人，ハワイ日系人（JA），ブラジル日系人（JB）の関係が日本人，アメリカ人，フランス人の関係の縮図になっているのである．もう少し詳しくみると，アメリカ人に近くイギリス人（E）があり，アメリカ人・イギリス人とイタリア人・フランス人の間にドイツ人（G）が位置する．イギリス人，ドイツ人，オランダ人（D）が小さい三角形（内部に他のものが入らない）を作っている．

JA は A と J の間にある，JB は (F, I) と J の間にある，という形が出ていることは，日系人に何か日本的なものが残っている一つの実証として意味するところは大きい．

第一次元を見ると，JB と (F, I) が近くにある．JA，A，E，D が近く，その対極にある．J と G はその間にあり，かなり近いといえることも注目すべき結果である．第二次元目は下方に日本人，日系人が位置し，上方に西欧人が位置するという明解な結果である．

二次元を総合すると，図 2.2（37 頁）で述べた予想の円環的連鎖がここにデータによって描かれていることがわかる．とくに，ブラジル日系人とフランス人・イタリア人というラテン系の人々が連鎖する（リンクする）姿が出てきたのは面白いところである．

これまで述べてきたことは，常識的にみて首肯できるものといってよい．こうして，一応の理解ができる形が，回答分布の差異の総合として表現されたことは興味深い．単純集計のもつ深遠な意義が理解されよう．マクロ分析の立場から示されたこの日本人の位置づけ，7 か国の人々と日系人の位置づけは，互いに近いところから徐々に比較の鎖を広げていく CLA の考え方による国際比較調査の意義を示しているものである．

これは今まで書いたことのあるものを要約したもので，これから本筋に入る．この分析では，日本で調査票Ⓐはを用いたが今度は，外国人，日系人はそのままにして日本では，調査票Ⓐと調査票Ⓑの分を加え，同じ分析をしてみたのが図 3.10 である．図 3.9 も図 3.10 も大局的に差はなく，調査票Ⓐによるものと調査表Ⓑによるものとの位置もはなはだ近いことがわかる．つまり，こうした全体的構造分析では翻訳上の差はほとんどなかったものとみてよかろう．

3.2 データの質の評価

　最後に，自らとらない他所のデータを用いる場合を考えよう．前にもちょっと触れたが大事なことなので繰り返そう．

　他所で行われた調査では，その調査法がどこまで正確に書かれているか——これは自らきちんと調査した場合にはその細部はわかっているのでそれにひき比べればよい——が一つの大事な点である．また前節で述べたように個票が公開されていれば，それを読むことによって質の評価をすることもできるし，クロス表をとったり数量化III類を行ってデータ構造を見たりして，われわれの経験しているものと著しくくい違っていないかどうかを確かめるのもよい．くい違う場合は，ある質問群を自ら調査して検討する必要も出てくる．こうして始めて他所のデータの質がわかり，分析に使えるかどうかがわかる．

　実験の場合は統計的検定によってデータの棄却を行っていないかどうか，実験条件の明記が重要な点であるが，必要あれば，当該分野の研究者と共同してデータをとってみる（追試してみる）ことも大切である．既存のデータを唯々諾々として用いるのは，データを大事にすることを第一義とするデータの科学の趣旨に反する．データを取り扱うものは共同研究でデータをとるところから関与し，体験し，腕をみがいて質の評価のセンスをつかんで事を始めねばならない．

　昔，面白いことを聞いたことがある．私の師であった佐々木達治郎先生（元統計数理研究所所長，元東大工学部教授，航空計器専門，物理学出身）が「データとは面白いものだ．新しい理論が出るとデータがみんなそれに当てはまってしまう．また新しく理論が出るとまたそれに乗ってしまう」といわれた．おそらく物理学か工学かのことであると思う．統計的検定によるデータの棄却にははなはだ疑問をもっていたので，——先生の話はそうした統計学が出る以前のことである——，何か理屈をつけて都合の悪いデータを棄てているのではないかと感じた．これは理論が大事で，データはそれを確かめる手段というふうに考えているためと思われる．そのとき以来，統計に携わる者は，こうしたことは絶対してはいけないことだと思っていたことが，データの科学の基底にある．

　こうして質の評価を行い，それに応じた分析を施し，それなりの知見を得るようにするのが望ましい．

3.3 集団の分割と集団の合併

複雑な現象のデータ (complex data) を分析するときどう考えるか．一つの集団を分割して分析するとき，新たな情報を発見することがあるし，いくつかの集団を合わせて分析すると新しい知見が得られることがある．

このデータの分析に際してのデータの分割と合併について考えてみよう．これを表3.6にまとめておこう．国内調査のデータと国際比較調査のデータとを分けて考えてみよう．

分析法の多くは大別して集計と構造分析に分けられる．国内データでは，日本全国（合併）の結果と部分集団に分けて（分割）の分析がある．分割のデータが多すぎて見通しが悪くなると，それらから見通しのよい構造を見いだすことが必要になる．また，データの全体構造をみることも部分集団別の構造をみて比較することもあるし，部分集団の構造を総合して見通しよくすることも有用である．国際比較においての集計で対象国全体の集計は全体像をみる上で大事であるが，国別集計してそれと全体の比較をして国の特色をみることもよい．全体の構造をみたり，国々の類似性・非類似性に基づく国の位置付けも面白い．各国内における地域別，部分集団別，属性別分析，クロス表分析もよいし，これらの比較も有用である．これらの見通しよい総合も望ましい．国別分析の比較やそれらの総合も大事である．

いずれにせよ，「集計をする」「構造をみる」，データの「分割」と「合併」

表 3.6 複雑な現象分析でのデータの分割と統合

データ \ 分析法		集計をする	構造をみる
合 併 Pooling of Data, Bond of Samples	国内	単純集計	全体構造
	国際	対象国全体の単純集計と国別集計との比較	全体構造，類似性・非類似性に基づく国の位置付け
分 割 Division of Data and Sample	国内	地域別分析 属性別分析 部分集団別分析 クロス表分析	細部構造およびそれらの総合，また左欄の分析結果の見通しよい総合
	国際	国別集計，また国内の地域別，部分集団別集計 属性別分析，クロス表分析	国別構造およびそれらの総合，また左欄の分析結果の見通しよい総合

のダイナミックスから多くの情報がとり出せるのである．

以上はサンプルの方の問題であるが，質問の方の分割あるいは合併（種々の質問群を作ること）が加わると，いっそう知見が豊かになる．全体の質問を用いる場合，いろいろな質問群を構成しその差異を検討することも重要である．さらに，これらと集団の分割と合併を加えて，結果がどのようになってくるかを分析していくと多くのことがわかってくる．このような集団の分割と合併と質問群の諸構成とを絡めて分析し，探索しながら知見をとり出していくのは，データの科学の醍醐味である．

この分割と合併は統計学のいかなる操作においても形式的に取り扱うことのできない操作であるが，データの科学の考え方による面白さである．

3.3.1 集団の分割

1) 分割の手掛かりがあらかじめわかっている場合

明らかにあらかじめわかっている標識によって集団を分割して分析を進める場合である．たとえば性別に見る，年齢別に分割して見る，地方別に分割して見るというようなことである．

今，ある質問で賛否を尋ねたとしよう．

まず性別で分析したところ，表 3.7 を得たとしよう．数字は人数を示すものとする．これによると，男では賛成がほぼ 2/3 でかなり多いことが知られよう．

次に年齢別によって分析したとしよう．結果は表 3.8 のようになった．これによると 35 歳未満では賛成がほぼ 2/3 で多いことが知られよう．こう考えてきて，男の 35 歳未満は，ますます賛成が多いと考えてよいように思えるかもしれない．そこでさらに分析を加え，二次元的に性別，年齢別に集計したとしよう．表 3.9 を見られたい．

表 3.7　性　別

性＼賛否	賛成	反対	計
男	132	67	199
女	93	108	201
計	225	175	400

表 3.8　年齢別

年齢＼賛否	賛成	反対	計
35 未満	131	67	198
35 以上	94	108	202
計	225	175	400

表 3.9　性別×年齢別

性, 年齢＼賛否		賛成	反対	計
男	35 未満	41	58	99
	35 以上	91	9	100
女	35 未満	90	9	99
	35 以上	3	99	102
計		225	175	400

表 3.10 性別×年齢別

性,年齢	賛否	賛成	反対	計
男	35 未満	73	26	99
	35 以上	59	41	100
女	35 未満	58	41	99
	35 以上	35	67	102
計		225	175	400

表 3.11 意見の集計

第1問		第2問	
賛成	反対	賛成	反対
1000	1000	1000	1000

表 3.12 意見分布の比較

	第1問		第2問		計
	賛成	反対	賛成	反対	
甲	500	500	500	500	1000
乙	500	500	500	500	1000

　この表3.9から表3.7,3.8は当然出てくるのである．ここに矛盾はない．ところが，35歳未満の男は，反対がかなり多いのである．前の予想とまったく相反してしまったのである．一見矛盾のようであるがそうではない．集団分割によって出てくる表3.9の結果が正しいのである．表3.7,3.8による結果の論理的結合方法が誤っていたのである．しかし，いつもこうなるとは限らず，予想通りのこともある．これを表3.10に示そう．表3.7,3.8からそれ以上の推論はできないことを物語っているのである．ここに多次元な解析方法の重要性が出てきているのである．したがって，複雑な現実の解析には，どうしても多次元的な集団分割の方法によらざるをえないことが知られよう．

　こうして，集団をさらに分割し解析することによって，各要因のもついわば力といったものを位置づけることができ，一画的な分析による結論の誤まりを避けることが可能となる．

　次に第1,2問について集計したところ表3.11を得たとしよう．回答はともに賛成・反対ということにしておく．この集団は第1問でも第2問でも賛否が等しいことがわかる．ここで甲,乙二つの標識によって集団を分けてみよう．仮に甲を男,乙を女と考えれば，わかりやすい．性別に分割してみたのである．甲集団,乙集団ともに標本数は1000と等しいとしよう．この場合極端な例をあげれば，甲集団では第1問で賛成1000,反対0,乙集団では賛成0,反対1000ということもあるし，第2問で甲集団では賛成0,反対1000,乙集団では賛成1000,反対0ということもあり，全体で見えなかったことが集団分割で見えてきたことになる．

　また次のような場合がある．

3.3 集団の分割と集団の合併

表 3.13 意見構造の比較

甲 集 団						乙 集 団				
		第2問						第2問		
		賛成	反対	計				賛成	反対	計
第1問	賛成	500	0	500	第1問	賛成	0	500	500
	反対	0	500	500		反対	500	0	500
	計	500	500	1000		計	500	500	1000

　甲, 乙集団とも, 二つの質問で賛否がともに 50% で, まったく等しいとしよう (表 3.12). こうすれば, 甲, 乙 2 集団は, 1, 2 という二つの質問についてみれば, まったく同じ性格だと結論することになろう. そう結論しないとすれば, 表の見方を知らない人で, 何のために調査したかわからなくなってしまうといえそうだ.

　しかし, 本当にそうであろうか. 表 3.13 を見よう. ともに周辺分布は等しく表 3.12 は成立している. 甲集団では, 第1問で賛成のものは第2問でも賛成だし, 第1問で反対のものは第2問でも反対となっている. 乙集団では, 第1問で賛成のものは第2問で反対, 第1問で反対のものは第2問で賛成となっているのである. これは大変なことである. 甲集団と乙集団とはまったく質が違っており, 話が全然通じないことになる. 相互に相手の心が理解できないわけである.

　甲集団の人が乙集団の人と話をしたらどうなるか. 乙集団の人が第1問で賛成と答えたとき, 甲集団の人は自分の集団の論理に従って, 相手は第2問で賛成と答えると予想して話をしていたら反対という. 乙集団の人が第1問で反対というと, 第2問でも反対と答えると甲集団の人は期待するが, 賛成と答える. 甲集団の人から見れば, 乙集団の人は何を考えているかさっぱりわからぬ, おかしな連中だとして首をかしげることになる. 乙集団の人にとっては, 甲集団の人は逆にまったく理解できない人達ということになる.

　これは, 甲集団の人では第1問, 第2問の関係で「賛成―賛成」, 「反対―反対」が考えの筋であるが, 乙集団では「賛成―反対」, 「反対―賛成」が考えの筋になる. つまり, 論理というか, 大げさにいえば思想――考えの脈絡――が甲, 乙 2 集団でまったく異なることになる. こうした考えの脈絡を, 「考えの筋道」とわれわれは呼ぶことにした. この考えの筋道が異なれば, 意思を通じ

合うことは不可能なことになる．
　この関係を具体的にわかりやすくするために，第1問は，海水着を着るか，スーツを着るか，第2問は，はだしかハイヒールを履くか，ということにしてみよう．甲集団は通常の発想で，海水着を着るというから，海かプールのことと思い，はだしと思い，スーツを着るというから，ちゃんとしたところへ行くと思い，ハイヒールを履くと思うとしよう．乙集団は海水着にはハイヒール，スーツははだしでということであれば，甲集団から見れば乙集団は異様に見えようというものである．
　つまり，甲，乙，2集団では意見構造，内容的にいえば考えの筋道が異なるということになる．これが集団分割によって見えてきたことになる．
　以上は単なる例示であるが，質問数が多くなってくると，こうした考えの筋道を明らかにするために数量化III類が用いられることになる．これらについては『数量化』，『社会調査と数量化』に詳しいのでそちらを参照されたい．
　このように，あらかじめわかっている要因によって分割して，意見や考えの筋道を明らかにすることは非常に大事なことである．
　2) 分割の手がかりが顕在的でない場合
　あらかじめ分割すべき情報があった場合は，上述の通りであるが，これがわかっていない場合，何か別個の集団が混ざり合っていないかという疑問が生ずる場合がある．これについての考え方を示しておこう．
　a) 回答の一致度をもとに集団分割すること
　回答の数が一致していることは，ある意味で――完全にという意味ではない――それらは似ている目安となる．これをもとに人の分類をして成功した実例

表 3.14 不一致数の行列

	1	2	3	4	5	6	7	8	9
1	0	36	50	71	38	32	73	29	81
2		0	40	71	24	44	74	16	80
3			0	45	38	58	49	47	54
4				0	64	83	37	63	37
5					0	38	71	21	74
6						0	81	34	92
7							0	64	40
8								0	73
9									0

について述べる．一致している数ではなく一致していない数をとれば，一種の距離らしいものになる．この場合は不一致度となる．

ここに示す例は音響の質判定（クラシック音楽を用いる）に関するもので，9人の被調査者の場合である．判定項目は120である．ここでは一致度ではなく不一致度をとっている．この数の多いほど2人の回答の不一致度が高いことを示している．つまり，非類似度が大きいことを示している．この不一致度（数）d_{ij}（iとjとの非類似性，不一致度）の行列を表3.14に示す．

ここで注意すべきことは，d_{ij}がメトリカルな場合はそう多くなく，むしろd_{ij}は非類似の程度を表すような性格のものである．その点でK-L型数量化の方法を用いる場合（『数量化―理論と方法』参照），うまくいけばピッタリであるが，必ずしもうまくいくものではなく，むしろ適用例が限られているといった方がよい．その意味で，K-L型数量化ははなはだ窮屈なフォーミュレーションになっている．

以下は集団分割でK-L型数量化を用いてうまくいった例である．人工データでなく実際の実験データである（近藤逞，林知己夫：音の品質判定の一方法，日本音響学会誌，**21**，No.4，pp. 216-226，1965）．古いデータであるがきわめてうまくいった例である．

d_{ij}の平均は53.4，分散は401.2である．

ここでK-L型数量化を用いるが，計算Lをいちいち動かさない（ΔLを用いない）方式で行ってみた．

計算の実際の数値はあとに示すが，結果を示すと，一次元で

$$J_1^2 = 29.75, \quad J_1 \fallingdotseq 5.4$$

となり，d_{ij}の分散と比べ，この程度のずれは十分小さいと認められる．d_{ij}の分散σ_d^2に対してJ_1^2の大きさ――残差とみなせる――をみると，$J_1^2/\sigma_d^2 = 29.75/401.2 \fallingdotseq 0.07$となり，十分小さいことがわかる（$J_1^2$は構造誤差の分散とみなせるから，相関比的に考えれば0.93となる）．つまり，d_{ij}の諸関係を満たす9人の布置は大局的にみれば，一次元で片づくことになる．

今，最終の$(x_i - x_j)^2 + L$とd_{ij}を目盛ってみると，図3.11のようになる．小さいところに乱れは多少あるが，位置づけの大要は明確に出てきたことがわかる．

ここで得られた最終のxおよびLを書いてみよう．

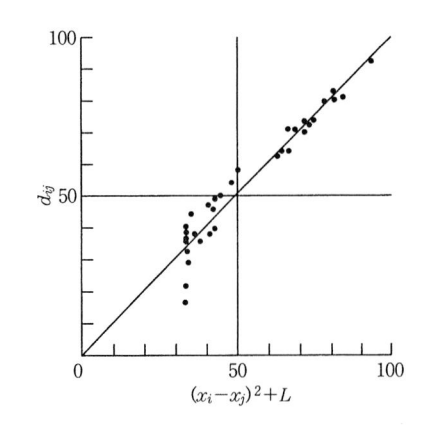

図 3.11 計算とデータとの一致度

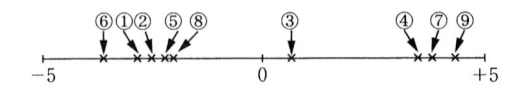

図 3.12 布置図

$x_1 = -2.6$　　　　　$x_6 = -3.4$
$x_2 = -2.4$　　　　　$x_7 = 3.8$
$x_3 = 0.7$　　　　　$x_8 = -2.0(-1.97)$
$x_4 = 3.6$　　　　　$x_9 = 4.4$
$x_5 = -2.0(-2.03)$　　$L = 33.8$

結論的にいえば，われわれの行った音質判定実験に基づく判定者間の不一致度をもとにした"距離らしいもの"は i なるもののユークリッド空間内の一次元布置によって，十分よく理解（解釈）されることがわかった．

2 群 $(1, 2, 5, 6, 8)$ と $(4, 7, 9)$ が見いだされ，3 が中間にあるという形が出ている（図 3.12）．この 2 群の特色をみると $(1, 2, 5, 6, 8)$ は低音をカットした歯切れのよい明瞭な音質（悪くいえば底のない上調子の音）を好む群であり，$(4, 7, 9)$ は高音をカットした柔らかい，包み込むような音（悪くいえば，もがもがして，水の中でものを言っているような音）を好む群であった．つまり，あらかじめ 2 群の存在はわからなかったのである——他のわかっている要因を用いる分類ではつかめなかったものである——が，回答非一致度をもとにしてうまく分類ができた．ここでは K-L 型の数量化を用いて成功したが，こ

3.3 集団の分割と集団の合併　　　89

れはまれなことと考えられるので，一般的には，これよりも数量化 IV 類——今度は一致度——を用いるのがよい．むしろ条件がきつくないので，この方が汎用性があることを注意したい．

上記の例において，x_0 の差を利用して系統図をうまく描くことができる．くくったものの間の差を測るのに，まずレインジ（グループ内分散）を用いる方法もその一つである．これは横軸としては等間隔の配置をとるものとする．縦軸には，群を作ったときのレインジをとることにする．このとき，見やすくするため，x の寸法を

$$a\{x_i(\max) - x_i(\min)\} = 1$$

になるように a を求め，ax_i を寸法として系統図を描けばよい．レインジでなく，$\sigma_x^2 = 1$ となるように寸法を決め，縦軸として括ったときの分散の値を用いて系統図を描くこともできる．

図 3.13 にそれを示す．なお，括り方は括ったときのレインジが最も小さくなるようにするのである．レインジが最も小さいものから順次積み上げていく

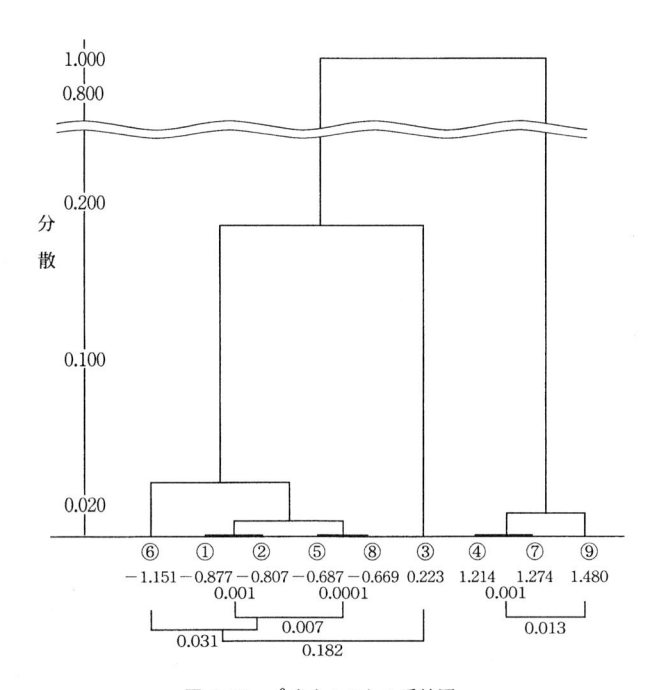

図 3.13 σ^2 をもとにした系統図

のがよい方法である．まず，x の隣り合わせの二つずつの分散（レインジ）を計算し，これらのうち最も小さいものをまず括る．次には，同様の考えの下に，さらに隣り合わせのものを合わせたときの分散（レインジ）が最も小さくなるものを括る――すでに括ってあるものは一つのものとして取り扱うが，三つのものが関係してくるときは2者の分散（レインジ）でなく3者の分散（レインジ）を用いるのである――という仕方でいくのである．これを次々に繰り返す．これらの操作はコンピュータにはまったく容易なもので，組み合わせ，計算，判別，決定の操作の繰り返しである．

b）シンプソン（Simpson）のパラドックス

未知の要因で一つの相関表（クロス表）を集団分割すると逆傾向の相関表（クロス表）を得るというパラドックスが生じる．これをシンプソンのパラドックスというが，これが成立しない条件を求めるという点がデータの科学の関心事になる．これについて説明しよう．

要因 I がカテゴリー A, B に分かれているとし，現象出現（要因 II という，outcome と考えてよい）が +, - のカテゴリーに分かれているものとしよう．

全集団で要因 I, II とで表をとると表 3.15 になったとしよう．A, B 要因で +, - の出現の比率を見ると，A の方が B よりも + の出現が多くなっている．ここで，横比率を出すと表 3.16 のようになる．

これを甲，乙二つの集団を何かの基準で（これは未知の要因によると考えて

表 3.15 クロス表

I \ II	+	−	計
A	3000	2000	5000
B	2000	3000	5000
計	5000	5000	10000

表 3.16 要因 I による横比率

I \ II	+	−	計
A	0.60	0.40	1
	∨		
B	0.40	0.60	1

表 3.17 集団分割したクロス表

甲集団

I \ II	+	−	計
A	2800	1200	4000
B	800	200	1000
計	3600	1400	5000

乙集団

I \ II	+	−	計
A	200	800	1000
B	1200	2800	4000
計	1400	3600	5000

3.3 集団の分割と集団の合併

表 3.18 分割したクロス表の要因 I による横比率

甲集団

I \ II	+	−	計
A	0.7	0.3	1
	∧		
B	0.8	0.2	1

乙集団

I \ II	+	−	計
A	0.2	0.8	1
	∧		
B	0.3	0.7	1

表 3.19 別のクロス表

実 数

I \ II	+	−	計
A	3200	1800	5000
B	1550	3450	5000
計	4750	5250	10000

比率（横比率）

I \ II	+	−	計
A	0.64	0.36	1
B	0.31	0.69	1

表 3.20 分割したクロス表

甲集団
実 数

I \ II	+	−	計
A	3000	1000	4000
B	750	250	1000
計	3750	1250	5000

乙集団
実 数

I \ II	+	−	計
A	200	800	1000
B	800	3200	4000
計	1000	4000	5000

比 率

I \ II	+	−	計
A	0.75	0.25	1
B	0.75	0.25	1

比 率

I \ II	+	−	計
A	0.20	0.80	1
B	0.20	0.80	1

よい）分けてみたところ，表 3.17 のような結果を得たとする．この甲，乙集団を加算すれば全体の表 3.17 に一致するのは明らかである．

　甲，乙集団とも＋の出現は集団 B の方が A に比べて多くなっていることがわかる．両集団で横比率を出してみると表 3.18 のようになる．

　つまり，全体でのクロス表の推論と，甲，乙二つの集団に分割したときの推論が逆転していることがわかる．こうしたことは常に生起するとは限らないが，こういうこともありうるということは，全体でのクロス表に基づく推論は

表 3.21　クロス表

I\II	＋	−	計
A	20	4980	5000
B	10	4990	5000
計	30	9970	10000

慎重にしなくてはならないことを意味する．

次のような例もある．全体のクロス表の分析は表 3.19 のようになる．

A の方が 2 倍以上になっているというので，当然 A の方が B の方より＋の出現の強い要因と結論するであろう．これを甲，乙二つの集団で分けてみると，表 3.20 のようにともに A, B と＋, −とは無相関なことがわかる．

本来無関係であるものが，全体でのクロス表の推論では大いに関係があると結論してしまう．

こうしたことは統計的検定論をどう用いるかというレベルの問題ではなく，もっと根源的に，クロス表の推論，集団分割というデータ解析の核心に触れるものを示している．

ここをもう少し，組織的に調べてみよう．疫学でよく出てくるような例をあげてみよう．表 3.21 に全体のクロス表を示しておく．

＋の出現比率が 2 倍になっている．集団分割して甲，乙 2 集団に分割できたとしよう（このとき同じサイズの 2 集団と考えておく）．集団に分けたとき，ともに無相関であるとしておこう．甲，乙両集団での＋の出現比率を P, Q としておく．なお，甲集団で A をもつものが 4000, B をもつものが 1000, 乙集団で A をもつものが 1000, B をもつものが 4000 としておく．そうすると次の方程式が成立する．

甲集団では
$$4000P + 4000(1-P) = 4000$$
$$1000P + 1000(1-P) = 1000$$

乙集団では
$$1000Q + 1000(1-Q) = 1000$$
$$4000Q + 4000(1-Q) = 4000$$

これから

$$4000P+1000Q=20$$
$$1000P+4000Q=10$$
が成立するので
$$P=\frac{7}{1500},\qquad Q=\frac{2}{1500}$$
を得る．つまり，全体で 2 倍くらい A の方が B に比べ＋の出現率が高くても，P, Q を上述のようにとれば無相関であることを示している．

それでは 20 ではなく 10 の何倍になったらこうしたことがありえないかを調べてみよう．20 の代わりに $10K$ ($K \geqq 0$) としておく．

前に見合った式を書くと次のようになる．
$$4000P+1000Q=10K$$
$$1000P+4000Q=10$$
Q を求めると
$$1500Q=4-K$$
Q の最大は 1，最小は 0 であるから

$1500 \geqq 4-K \geqq 0$ 　（左側の不等式は $Q=1$, 右側の不等式は $Q=0$ に相当する）

これから
$$0 \leqq K \leqq 4 \qquad (*)$$
を得る．

次に P を求めてみると
$$1500P=4K-1$$
同様に $P=1$, 0 に見合って

$1500 \geqq 4K-1 \geqq 0$ 　（左側の不等式は $P=1$, 右側の不等式は $P=0$ に相当する）
$$\frac{1501}{4} \geqq K \geqq \frac{1}{4} \qquad (**)$$

(*), (**) から K のとりうる範囲は
$$4 \geqq K \geqq \frac{1}{4}$$
となる．したがって $K>4$ であれば，つまり 40 以上であれば，こういうことは成立しないことがわかる．

B の出現数を前表のように 10 とすれば，A の出現数が 40 が下限であることがわかる．つまり A の出現が B の出現の 4 倍以上あれば，上に示したよう

な条件の下では，無相関の表による分割がありえないことがわかる．

以上は，ある条件を設けての推論である．より一般的にこの問題を論ずることができる（以下の文献を参照）．全体のクロス表を得たとき，ある条件を考慮に入れて，計算を種々実行し，検討し，全体での推論を慎重に行うのが陥穽を避ける上で望ましい．

ここで論じたことは，前にも触れたが，数理統計学でいう推定論や統計的検定論ということとはフェーズ，次元を異にした問題である．もっと分析の基本において現れる問題である．

以上は例示であるが，一般論として取り扱ったものに次のものがある（なお海外のシンプソン・パラドックスの文献は，次の論文の参考文献のところにあげられている）．

K. Yamaoka : Beyond Simpson's Paradox : A descriptive approach, *Data Analysis and Stochastic Models*, **12**, 239-253, 1996

C. Hayashi and K. Yamaoka : *Beyond Simpson's Paradox : One Problem in Data Science*, ed. A. Rizzi, M. Vichr and H.-H. Bock, Advances in Data Science and Classification, pp. 65-72, Springer-Verlag, 1998

K. Yamaoka : Beyond Simpson's Paradox : Stochastic approach by Monte Carlo method, *Student*, **3**, 255-272, 2000

3.3.2 集団の合併

逆に集団を別々に分析しているとき，なかなか見えなかった構造が，集団を合併（ポンドサンプルを作るという）して分析したところ，面白い結果の得られることがある．

例として，日本と中国の比較から見えてきた日本のリーダーシップの話である．これについて具体的に見てみよう．まず，中国（上海市とその周辺）・台湾（主要都市とその周辺）との比較のデータがあった（中国調査における標本のとり方は限定されたものである．いずれも一応ランダムサンプル）．この質問文は，中国人と中国系アメリカ人（ハワイの East-West Center の G. Chu 教授）によって作られたもので，これを翻訳して日本文の調査票にしたものである．質問文で「長」といったときの範囲は明確ではないが，下級管理職クラスではないかと思われる．ここの好みは上級管理職，トップのあり方に形を変えて現れているのではないかと考えられる．

3.3 集団の分割と集団の合併　　　95

表 3.22 日中比較調査のリーダーシップに関する質問，伝統文化の質問
括弧付きの記号を記したものが分析に用いた項目，カテゴリー．

質問1　あなたの職場ではよきリーダーとはどんな資質をもっているべきでしょうか．最も重要なもの三つと，最も重要でないもの三つを，次の中から選んで下さい． 〔項目のリストを提示して回答をとる〕 最も重要な三つに○　最も重要でない三つに× 1. 技術的に優れていること　　　　　　(01) 2. 部下を公平に扱うこと　　　　　　　(02) 3. 部下に尊敬され，好かれていること　(03) 4. 真剣に仕事に取り組むこと　　　　　(04) 5. 人間関係がよい，顔が広いこと　　　(05) 6. 仕事仲間に誠心誠意，接すること　　(06) 7. 決断力がある，断固としていること　(07) 8. 判断力が優れていること　　　　　　(08) 9. 部下に利益をもたらすこと　　　　　(09) 10. 年功を積んでいること　　　　　　　(10) 11. よい階級の出身であること	質問4　次にわが国の伝統文化をいくつかあげてみました．それぞれについて，「誇りに感じる」「なくしてしまいたい」「どちらともいえない」のいずれかでお答え下さい．〔項目のリストを提示〕 　　　　　　　　　誇りに　なくし　どちら 　　　　　　　　　感じる　てしま　ともい 　　　　　　　　　　　　　いたい　えない a．長い歴史的伝統　　1　　　2　　　3 b．勤勉と質素　　　　1　　　2　　　3 c．中庸の道　　　　1(C+)　2(C−)　3 d．親の慈悲深さと　1(D+)　2(D−) 　　子の孝行 e．国家への忠誠　　　1　　　2　　　3 f．男女の差別　　　　1　　　2　　　3 g．女性は嫁ぐ前に　　1　　　2　　　3 　　父に，嫁いだら 　　夫に，夫が死ん 　　だら子に従う三 　　従と，四つの美 　　徳をもつ
質問2　公の問題は影響力も経験もある人に任せるべきだと思いますか．それともそのような問題は，決定される前に人々で論議すべきだと思いますか． 1. 影響力も経験もある人に任せるべきだ(N1) 2. 人々で論議すべきだ　　　　　　　(N2) 3. わからない	h．寛容と礼節　　　1(H+)　2(H−)　3 i．先祖の名を汚さ　　1　　　2　　　3 　　ない j．農業を尊び商業　　1　　　2　　　3 　　をいやしむ k．女性の貞節　　　　1　　　2　　　3 l．権威への服従　　　1　　　2　　　3 m．子孫繁栄　　　　1(M+)　2(M−)　3 n．和をもって貴し　1(N+)　2(N−) 　　となす o．仁義道徳　　　　1(O+)　2(O−)
質問3　リーダーとして次のどちらの人がいいですか． 〔回答肢のリストを提示〕 1. 年輩で尊敬される人　　　　　　　(L1) 2. 若くて有能な人　　　　　　　　　(L2) 3. どちらでもない	p．年長者への敬意　　1　　　2　　　3 　　と従順 q．伝統を尊重　　　　1　　　2　　　3 r．分別　　　　　　1(R+)　2(R−)　3

なお，分析においては，大切な道徳の肯定・否定を加えたが，これは日本的考え方である．中国人研究者はその意味——リーダーシップに関連があるということの意味——を理解できなかったが，これを加えてみると関連性のあるのは日本であって，中国は一般的に関連性は乏しかった．

まず，日本（東京30km圏層別3段無作意抽出）と中国（上海とその周辺）の比較から見てみよう．関連する質問は表3.22の通りであるが，分析には質

問1のリーダーの資質として選ばれた重要な三つを用いる．質問2と3は後ろに記号を付記した回答肢，質問4の伝統的文化（道徳）に関する質問では記号を記入した七つの項目のみを用いてみた．

日本と中国と別々に数量化III類で分析してみると，似たような異なったような図柄が得られ，それほど面白くなかった．

そこで日本・中国のデータの数をそろえて，ボンドサンプルに対して数量化III類を行ってみると，きわめて明快な結果を得た．各質問回答カテゴリーの布置を図3.14に示すが，第1軸において日本と中国の特徴がきれいに分かれることを知った．つまり，第1軸の値のサンプルスコアの分布（図3.15）を見ると，日本と中国がきれいに分かれ，マイナスが日本，プラスが中国となっている．0点を日本人と中国人を判別する分割点とすると，日中の判別成功率は88％ときわめて高い．ここに取り上げたリーダーシップの質問による判別

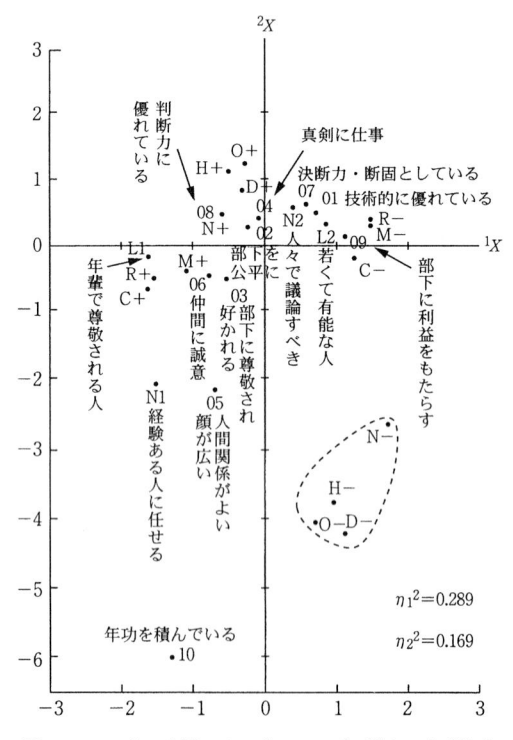

図 3.14 日本と中国のリーダーシップに関する意識構造

3.3 集団の分割と集団の合併

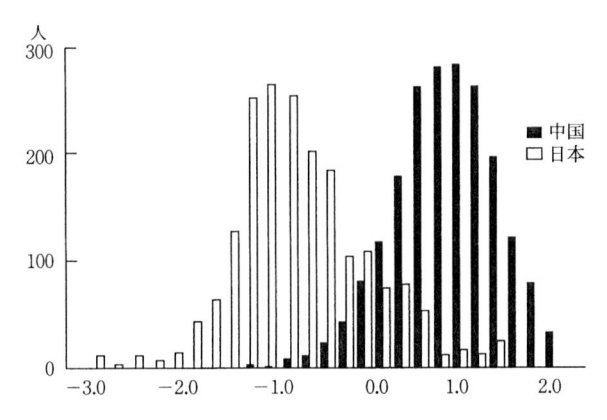

図 3.15 第一次元目のサンプルスコアの分布（日中ボンドサンプル）

表 3.23 日本と中国のリーダーシップの特色（数字は％）

日本的リーダーシップの条件	（中，日）	
部下に尊敬・好かれる	(28, 46)	
仲間に誠意をもって接する	(16, 34)	
人間関係がよい，顔が広い	(8, 15)	
経験のある人	(11, 31)	
年輩で尊敬される人	(9, 50)	
年功を積んでいる	(1, 5)	
判断力が優れている	(22, 36)	
部下を公平に扱う	(37, 41)	
中国的リーダーシップの条件	（中，日）	
部下に利益をもたらす	(39, 7)	
技術的に優れている	(71, 23)	
若くて有能	(82, 28)	
決断力が断固としている	(39, 23)	
日本的・中国的の中間にあるもの		
真剣に仕事をする	(33, 32)	
伝統文化との関連	肯 定	否 定
	（中，日）	（中，日）
子孫繁栄(paternalism)	(21, 54)	(56, 4)
分別	(8, 56)	(64, 3)
中庸	(5, 27)	(65, 12)
和を以て貴しとする	(47, 64)	(17, 4)
寛容と礼節	(45, 52)	(20, 12)
親の慈悲深さと子の孝行*	(61, 55)	(13, 8)
仁義道徳*	(56, 46)	(16, 14)

の予測力がきわめて高いことを知るのである．

これほどまでに，リーダーシップが日中で異なっていることを示しているのは驚くべきことであった．回答カテゴリーの布置のマイナス寄りが日本的リーダーシップであり，プラス寄りが中国的リーダーシップである．あえてその特色を書いてみると表 3.23 のようになる．括弧内の数値は左が中国，右が日本の回答の％である．

表 3.23 の伝統的道徳に関する質問の回答を見ると，＊印を除いて，中国の方が「誇りに感じる」回答が少なく，「なくしてしまいたい」とする回答が多い．道徳に関して，日本の方が中国よりも「誇りに感じる」回答の率が高い項目（＊印以外）がリーダーシップに関係が強いことは興味深いものがある．中国は道徳重視に関する項目とリーダーシップの関係がないことが知られる．これを要するに，日本では人間関係と関係深いリーダーシップは一つの特徴を示すものと考えてよかろう．

次に，台湾のデータを加え，日本・中国・台湾のデータをボンドサンプルとして同じく数量化 III 類を行ってみると，図 3.16 のように明解な結果を得た．

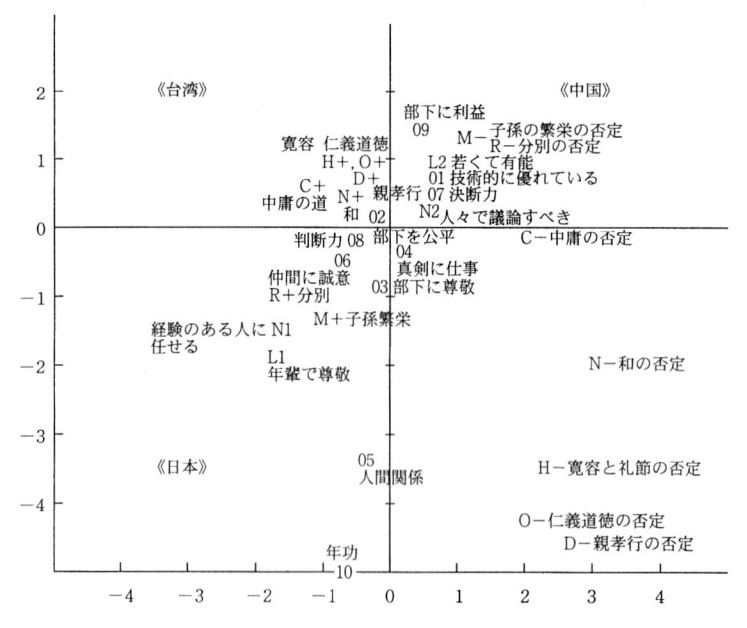

図 3.16 日本・中国・台湾のリーダーシップに関する意識構造

第1軸で中国と（日本，台湾）が分離し，第2軸で日本と（中国，台湾）が分離するのである．日本と中国だけを取り上げ，第1軸で見ると前述の判別成功率は85%となり，前記の日中のみの場合と大きな変わりはない．第2軸で日本と（中国，台湾）の判別成功率を見ると76%となる．次に第2軸で日本と台湾だけの判別を見ると，判別成功率は76%であり，日本と中国の場合ほど分離をしていない．その内容は，図3.16に見られるように，台湾はやはり中国的であることがわかる．中国と台湾の差は中国が伝統道徳を多く否定している点にあり，リーダーシップの内容については中国と台湾は差はなく，日本と異なっていることがわかる．したがって，中国の共産党による教育のみによって前述の日中比較のような結果が出たのではなく，台湾を加えることによって，日中比較の中国の特性は中国人そのものの特性と見ることができる．

なお，上記のように中国のデータは限られたものであったので，後日上海市の工場従業員，浦東地区の住民に対し同様の調査を行ってみたところ，前述の結果とまったく同様な傾向が見いだされた．

この節においては，集団を分割すること，合併することによって新しい知見が得られることを示した．この二つはデータの科学の基本的操作である．前者は，属性別分析などといわれ，通常用いられているが，これを集団分割という形で拡張して考えることにより応用範囲が広まってくるし，集団分割した上で数量化III類を行うと構造の差が明確に見えてくることがある．性別に分析すると男女で構造の異なることもあるし，年齢で分割するとその構造の差が見えてくることもある．後者については，「伝統」対「近代」にかかわる日本人の意識構造が年齢区分によって変化する様相が明瞭に描き出されている．これについては，『日本人の国民性研究』も参照されたい．

3.4 統計学における諸方法再考

統計学における諸方法は，膨大な範囲をもち，簡単な統計量理論からデータ構造に関する理論までを含んでいる．このような諸方法をデータの分析に適切に活用するのは，データの科学においては基本的に大事なことである．これについては汗牛充棟の書が各種出版されているので言及する必要はない．しかし，このような諸方法をデータの科学の立場からもう一度洗い直してみること

は必要なことであると思われる．

　いわゆる記述統計の方法は，その発生からみてもデータの科学の基本的方法である．確率論が導入され，統計的仮説検定理論・有意性検定理論，統計的推定理論の問題に入ってくると，科学の方法論としていかなるものなのか科学基礎論的考察を必要とし，データの科学としてはいかに考えるかを突き詰めていかねばならない．こうした検討は，統計科学といわれる領域における諸概念，統計的決定理論，統計的予測理論，モデル選択の理論についても同様に考えを進める必要がある．ただし，精密標本理論，漸近理論，その他の理論のいっそうの数学化を進めた精密な理論など，データに直接関係しない理論は今のところは一応考慮外と思っている．

　このような考察は目下研究中であり一応の知見を得ているが，自信をもって書くまでに深められていないし，成熟もしていない．問題があまりにも重大すぎるので，ここで中途半端なものも書くことは避けたい．

　ここでは，二，三の覚書きのようなことをしるしておきたい．ベイズ推論とデシジョンメーキング（統計的決定理論）は科学の基本問題であるので，簡単な例で説明を加えておく．これはデータの科学の一つの大事な考え方であるからである．

　ベイズ推論が素朴な形で出ているのは，弾道学における弾丸の命中率算出の問題である．n 発打って m 発命中したという場合，命中率はどうなるか．

　U としては，弾丸を同じ条件で打った結果（標識は的中 1，外れ 0 の二つである）であり，打った数は N である．N は十分大きいとしよう．的中が N_1，外れが N_0 とすると $N = N_1 + N_0$ となる．このおのおのに等しい確率，独立抽出の条件を与えて母集団を構成し，今得た n 個のデータはこれからのランダムサンプル S であるとみなすとしよう．こうして命中率 $N_1/N = P$ を推定するということになる．こうして n 発中 m 発的中のデータを得たとしたら，$m/n = p$ をもって P を推定することになる．標本調査法の最も単純な simple random sample の問題となる．この p は偏りのない推定であり，これに関して区間推定が可能となる．この場合は P が一定であり，データは母集団からのランダムサンプルとみなすということである．同じ条件で n 発弾丸を打ったと考えなくてはならない．この条件はしっかり明記しておかないと U は構成できないのである．これが今日の「事前確率を想定しない」命中率の定義で

ある.

　一方,命中率はわかっていないし,命中率 P はあるアプリオリの分布 $f(P)$ をもっていると考えよう.命中率が $(P+\Delta P, P)$ の間にある確率は $f(P)dP$ となる.弾丸を同じ条件で n 発打ち,m 発命中する確率は

$$\binom{n}{m}P^m(1-P)^{n-m}f(P)dP$$

となる.こうしたデータを踏まえて,この同じ条件の下にもう一発弾を打って命中する確率がわれわれの欲する命中率と考えてよいから,命中率は

$$Q=\frac{\int_0^1 \binom{n}{m}P^{m+1}(1-P)^{n-m}f(P)d(P)}{\int_0^1 \binom{n}{m}P^m(1-P)^{n-m}f(P)d(P)}$$

となる.P はある分布をもって変化していると考えているのである.

　昔は $f(P)dP=dP$ と等確率をおいていた.ここではもとの命中率のよい場合と悪い場合(三角形分布とする)を考えてみると,表3.24のようになる.

　m, n が少し大きいといずれの $f(P)$ をとろうともほとんど m/n と差はない.n, m が小のとき命中率というものを問題にするとき,誤差が大きすぎて実用にならないわけで,m, n がかなり大きいのが普通であろう.

　表3.25のようにアプリオリ分布が異なっていても,結果はほとんど変わらない.こういう場合に,フォン・ミーゼスはある条件の下では,n が大のとき

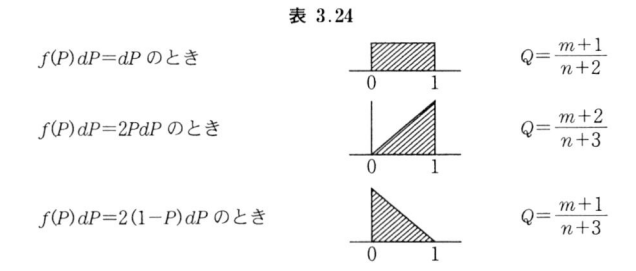

表 3.24

$f(P)dP=dP$ のとき		$Q=\dfrac{m+1}{n+2}$
$f(P)dP=2PdP$ のとき		$Q=\dfrac{m+2}{n+3}$
$f(P)dP=2(1-P)dP$ のとき		$Q=\dfrac{m+1}{n+3}$

表 3.25

n	m	m/n	一様分布	右上り三角形分布	右下り三角形分布
50	40	0.80	0.79	0.79	0.77
100	70	0.70	0.70	0.70	0.69

推定は $f(P)$ に依存しない．$f(P)dP = dP$ の場合と同じになる，ということを証明している（R. von Mises: *Mathematical Theory of Probability and Statistics*, pp. 494-504, Academic Press, 1964 を参照）．

さて，ここが面白い．アプリオリ分布を入れようが，それを入れない 20 頁の U, S, P の考え方の偏りのない推定を用いようが，値そのものに変わりがないということである．またどんなアプリオリ分布を入れようが，推定値にさして変わりがないということである．こうであるからこそ，同じような数値が命中率となり，あとはどのようにも解釈されるという——どの解釈が妥当であるかは定めようもない——ことになる．

なお，等確率抽出方法の考え方でも，同一母集団からの抽出というのは数学上のことで実際はそうはいかない．これを適用する場合は，次のように考えなくてはならない．命中にいろいろの条件が影響を与えるので，いくつもの母集団があり，この P が異なっている——母集団を単位に考えればおのおのの P がある分布（確率でなく相対頻度分布でよい）をもっていると表現できる——と考えられ，われわれの推定はその一つの母集団に対する推定ということになるはずである（一般にこの P は推定を作ったサンプルに対応する母集団の P と異なっている）．これをもう少しいうと，適用の場とわれわれの調査とを考え合わせれば，われわれの推定は P のあるアプリオリ分布をもつものへの推定という形になる，とみなすこともできる．こうなれば，m/n による母集団への推定といっても，有効の場を考えれば，ベイズ推定となっていると思えてくる．ベイズ推定もそうでない推定も，そう値が異ならないので問題が起こらないともいえそうである．逆にいうならば，ほかに合理的な判断が思いつかないから，アプリオリ確率に対して強靱性をもつ，つまり，アプリオリの確率分布に依存することがない（きわめて少ない）推定を行うことが重要な意味をもつことになる．

ここをもう少し拡大して考えれば，ベイズ推定も，そうでない母集団推定でも，上述のような意味でそう異なった値を示していないというときに，理屈は何であれ「推定」というものが役に立っている——しかもこうした場合が多い——のではあるまいか．前述のようにこれが標本数の大きいときに成立しているのであれば，標本の大きいことは精度の向上以上に深刻な意味をもつというべきである．2 種の推定値が大きく異なっていたときには，いずれかが応用の

場で妥当性を欠く結果になっているのではなかろうか．このあたりは，十分検討に値しよう．またこのあたりが論理的ベイズ推論の核心でなかろうかと思う．

　統計学においては最小二乗法がよく用いられる（パラメータの決定，推定など）．また統計学に限らず科学の諸分野においてよく用いられる．これがすっきり求まるのは線形関数のあるときであることも周知の通りである．非線形ですっきり求まらなくとも，逐次近似を用いれば目的を達することができる．コンピュータのある現代ではいともたやすいことである．こうした最小二乗法は，古くしてかつきわめて有用なものである．こうして最小にされた量そのものが分散に還元され，いわゆる内分散（within variance）σ_w^2 となり，もとのデータの全分散 σ^2 と比べて σ_w^2/σ^2 を作れば，これは $1-\eta^2$（相関比）となり現実的意味をもってくる．また最小二乗法は，誤差の±の個数やあるところで一方向に下がったり上がったりして誤差の系統的偏りが出ることなく出方のバランスがかなり保たれているというのも，科学にとって安心できるものである．

　統計学では昔から最尤法（maximum likelihood estimate, MLE と略称）が用いられていたが，多くは $n \to \infty$ のときの有効統計量となる点が重用されていた．最近でも推定のために MLE をよく見かけるが，有効統計量ということではなく（n が十分大ではない）推定しやすいというところが魅力と思われるような使い方をしている．ただし，分布の型（通常は多項分布，ガウス分布）が必要であるし，最大にされた量の現実的意味合いがはっきりしないこと，偏りのない推定でないこと，誤差の±のバランスが最小二乗法のようにはとれていないことなど，深く考えねばならない点を含んでいる．

　前述の最小二乗法のように最小にする，MLE のように最大にするということがよく用いられる．しかし，こうした考え方は一次元的発想の場合，危険な考え方でもある．一般の行為決定では，loss（好ましくないことと考えてよい）を最小に，また同時に gain（利得，こうありたいということ）を最大にするという方法をとることが望ましい．したがって，一方向ではなく，相反することを調停するような方法論が望まれる．ある部面での loss を一定以下に抑え，ある部面での gain を最大にするような方法も考えられる．線形計画の

ように，ある不等式の下でgainを最大（lossを最小）という場合はその一変形である．なお，この一例は『行動計量学序説』第18章の治療の科学化のところに記述してある．

行為決定としてはゲームの理論のようなmin-maxの考え方も参考になるし，わからないあるいは不確かな条件の下での危険の分散というルールも役に立つ考え方である．これらをどう使いやすい形でフォーミュレイトするかも，データの科学のこれからの研究課題である．

この節を終わるにあたり，データの科学におけるデータ解析の方法の最重点をまとめておこう．これは，やたらに数学的仮定（分布の形，根拠や保証のない確率化，数式を解きやすく，また扱いやすくする数学的条件）をもちこんだ「データ解析の精巧な理論あるいはモデル」を用いないことである．なるべく少ない数学的仮定のもとに，素直にデータを分析することにある．

3.5 グラフ化の重要性

データをグラフ化してみることの重要性は昔から論じられているが，今日ではコンピュータの普及発達に伴い，いくつかのソフトも市販されている．

グラフはうまく書けば，わからなかったものが見えてくるので，グラフを描くセンスを養うというのがとくに大事である．本来ならば自らデータをもとにいかにグラフ化するかを頭と手を使って学ぶことが大切であるが，今日ではソフトをうまく用いつつこれを体得することである．三次元くらいまでは，なまのデータをグラフ化することは容易である．しかし，それ以上の多次元データとなると，そのなかに潜む本質的情報を多次元データ分析の方法によって析出させ，これをグラフ化するということが有用である．

これについての入口は『行動計量学序説』第8章に体験を重視して書かれてある．より進んだ方法についても多くのものが出版されているが，データ解析の先達であるJ. W. Tukeyの次の書を，その思想が見える点でとくに推奨したい．

J. W. Tukey: *Exploratory Data Analysis*, Addison-Wesley, 1977.

K. E. Basford and J. W. Tukey: *Graphical Analysis of Multiresponse Data*, Chapman and Hall/CRC, 1999.

そのほか，Tukeyの考えを伝えるものとして次のものがある．
F. Mosteller and J. W. Tukey : *Data Analysis and Regression——A Second Course in Statistics*, Addison-Wesley, 1977.

3.6 単純集計と構造分析

通常は，まず単純集計を行い，これを読んで次に構造分析をするというのが常道のようであるが，知見を得るという上では，どうも逆のような気がしている．もちろんデータそのものの質はしっかりと吟味された上での話である（このために単純集計を用いることは多い）．単純集計は実に内容ある情報を示しているのであるが，いくらこれを眺めてもその意味を取り出して知ることは困難である．そこで，全問について，あるいはある質問群を用いて数量化III類を用い，どのようなデータ構造が示されているかを把握し，それから単純集計を分類しながら見ていくと，多くの知見が得られてくるものである．

国際比較のような場合は，全体あるいはある質問群における単純集計をもとにして，たとえば数量化III類かMDA-ORを用いて国々の類似性（非類似性），相互関係を把握し，国別の単純集計表を整理していくと有用な知見が得られてくるものである．こうした結果は『社会調査と数量化』に書かれているので参照されたい．

単純集計と馬鹿にしてはいけない．それは実に豊富な内容をもつものである．ただそれを眺めただけではなかなか見えないが，上記のように数量化III類を通して整理してみると見えてくるのである．また，逆に数量化III類の構造の意味が単純集計を通して見えてくるものである．

各属性別集計，部分集団別集計においても同様なことがいえる．

大局的にデータ構造を数量化III類に限らず数量化の諸方法を適切に用いて把握した後，単純集計を見るという立場の有用性を念頭に入れていただきたい．このことについて，本シリーズの他の巻において実例をもって示してあるので，具体的説明はこれに譲ることにする．

3.7 多次元データ解析

複雑な現象を解析しようとなると多次元データ解析を活用することになる．多変量解析，多次元データ解析，多次元データ分析とさまざまな言葉がある．

多次元的データ分析という言葉は好むところであるが，これは非常に広い概念で，第3章すべてを含むことになるので，本節で述べることはその一部と考えていただきたい．そのため，ここでは多次元データ解析という．多変量解析は統計学でいう multivariate analysis のことである．多次元データ解析は，多変量解析の技法を用いることも多いが，異なった考えに立つもので，数量化（定質的なものの数量化）分類，多次元尺度解析法（multidimensional analysis, MDS），対応分析（correspondence analysis, CA や dual scaling, DUS）その他の関連方法を含むもので，数理統計学でいう多変量解析と異なる発展を示しているものである．

3.7.1 多変量解析

測定したものが実数で与えられている場合が取り扱われる．記述的にいえば i なるものが R 個の測定で $X_{1i}, X_{2i}, \cdots, X_{Ri}$ で与えられている場合を考える（一般に添字 i を落として表現する）．i は R 次元ユークリッド空間内の点として与えられている場合である．R が2の場合が最も単純な場合である．しかし，R が大きい場合がその本領である．こうして R 個の数量的測定データの間の何らかの関係を求めようとするところに多変量解析が誕生した．

この考えそのものが科学の世界において革新的なことであった．従来の科学は1.1節で説明したように，いわゆる理論を土台に少ない変数の間の関係を想定し，少数の定数をもとに，あるいはパラメータをデータから求め，因果関係を明らかにするところにその特色があった．R の数が大きく，複雑な関連現象になると，こうした考え方では問題が処理できないのである．ここに多変量解析の魅力があった．

周知の通り，そこに重回帰分析，判別分析が発達してきた．ともに線形の関係を中心に据えたものであるが，curve linear であっても同様に扱うことができる．

$$a_0 + \sum_{j=1}^{R} a_j X_j$$

であっても，$X_2^2 \to X_2$, $X_2 X_3 \to X_3$, $X_2 X_3 X_4 \to X_4$, $X_2^2 X_3^2 X_4 \to X_5$, $\cdots$ とおけばまったく同様に取り扱うことができるが，意味はますますわかりにくくなる．多変量解析の理論は，実用的には，たったこれだけの底の浅いものであった．

3.7 多次元データ解析

推測 (inference), つまり確率を導入して数理統計学となると, $X_1, X_2, \cdots, X_R$ を確率変数と考えるのである (判別のとき X_1 は分類の形で確率変数でない). このとき X_j の確率分布が考えられ, 一般に $X_1, X_2, \cdots, X_R$ は R 次元ガウス分布が, inference を主体とする統計学では (一次元のときと同様に) 主体となっているのである. 一次元のときのガウス分布でも現実的に見いだすのは難しい. R 次元ガウス分布となると現実的に私は経験したことがない. ガウス分布は現実に即物的に存在するものではなく, 中央極限定理として存在するものと思っている. もしくは, R. A. Fisher (フィッシャー) の場合のように, 少数例の取り扱い上まったくのやむにやまれぬ仮定 (?) であって, 現実的に確かめようもないものである. これは別として, このようにしてガウス分布に基づく複雑な計算に基づく諸理論が展開されているのが, 数理統計学における多変量解析論なのである.

データに関係あるところでは, 二つの (あるいはいくつかの) 母集団の差の検定, 分散・共分散行列の同一性, 標本重相関係数の標本分布, 重相関係数の検定, 標本偏相関係数の標本分布, 回帰係数の標本分布, 判別分析における特性根の分布, その有意性, 係数の有意性, 正準相関に関する諸理論, 分散分析, 共分散分析, 対数線形モデル, ロジットモデルによる分析, 比例ハザードモデルによる分析に関する理論等, 多くの問題が主として, データ解析上, データの内容, 分析目的の妥当性から見て目的変数の意味不明な変換をしたり, 多変量ガウス分布あるいはどこかにガウス分布の仮定をおく条件の下に計算されている. また諸統計量の極限分布なども計算されるし, 因子分析 (後述) の因子負荷の有意性, 因子数の決定なども上述の仮定の下に計算されている. 非ガウス分布の場合も取り扱われているが, 制約が多すぎて現実に応用できるものを聞かない. 正に複雑で論文作成の宝庫であり, 通常のレフェリーだと雑誌掲載を拒否できず採択となってしまう.

また, マハラノビスの距離というものがもてはやされたこともあった. これは多次元ガウス分布をする二つの分布があり, 同一の分散・共分散行列をもち, 平均値のみが異なる場合, 分布間の距離を定義したものであり, この限りにおいて分布の距離の意味を明確にしたものであるが, あまりにも条件が窮屈すぎ, 一般の二つの分布の距離を適切に表現するものではないので, データ解析の方法として発展しなかった. 数理統計学内の一つのあだ花にすぎなかった.

inferenceの数理統計学の手にかかるとどうして統計学本来の妥当性を見失いこうもつまらなくなってしまうのか．記述的には革新的で面白いものであったが，データ解析の立場に立つと，底が浅いといわざるをえない．底の浅いものを inference 化しても画期的なものが出るはずはない．

もう大分前のことであるが，高速計算機の普及から因子分析や主成分分析がデータの分析に用いられるようになり，多変量解析論に因子分析や主成分分析が入り込んできた．底の浅いものにやや厚みが出てきたように見えた．因子分析は二因子法に始まり，多因子法，ラデックス法にまでつながるもので，計算の問題は末梢的で，モデル構成の考え方そのものが核心なので，ここが勝負所である．

多因子法はデータの科学から見れば疑問の多いモデルであるが，多変量解析がこれに食いついてきた．モデル構成を問題にするのでなく，計算を中心にしたもので，ガウス分布が入り込むし，統計量の計算，因子数の検定，有意性にこだわってしまい面白味がなくなってしまった．統計学がどうして本来の筋を外れて，現象解析に対して目が見えなくなってしまったか不思議でならない．これに関連して主成分分析法が入り込んできたが，ここでも特性根の有意性，主成分の数の推定ということに力が入ってしまう．

統計量の計算を中心においた数量統計学のなれの果ての姿を見るような気がしている．

現在，多変量解析に関する大方の期待は，形式的には重相関係数，(重)回帰分析，判別分析，因子分析法，主成分分析法（この他については次項で述べる）に関する記述的統計学の部分である．またある分野では，実験計画法と分散分析，比例ハザードモデル，ロジットモデル（いずれも，そのモデル化の妥当性と応用に疑問を感じるのであるが）が珍重されている．つまり，データ解析におけるコンピュータソフトとしての方法の部分である．これをどう生かしていくかは，データ解析の考え方にゆだねられている．多変量解析への期待は，膨大な発展をとげている多変量ガウス分布に基づく数理統計学でもなければ，統計量の極限分布やそれに基づく仮説検定論でもないことだけは確かである．

3.7.2 多次元データ解析

ここでは，数量化，MDS, CA, 分類その他関連する諸方法の関連について

述べよう．

　MDS 以外のものは多変量解析の技法を必要な限り取り入れているのであるが，発想ははなはだ異なるものである．数量化や CA はデータ解析の技法でなくその考え方や方法論が重要なのである．数量化の核心は数のないもの（質的なもの，カテゴリカルデータ）をどう測定で探り出し，これに数量を与えてデータ分析し，それ以外の方法では妥当性をもって取り出しえなかった知見を探り出すかにかかっている．「数はものそのものに内在するものではない，われわれが科学的に目的を達するために与える道具である」という発展的思想に核心があるわけである．

　数量化については，『数量化の方法』と『数量化―理論と方法』とがここにすっぽり入ればよい．（数量化に関しては多くの著書もありソフトも出回っているが，実用書的なものが多く，従来のデータ解析の匂いが強い．また，数理統計学の立場からの論述もある．しかし，ともにデータの科学の立場からはほど遠い．ただし，岩坪秀一著：『数量化の基礎』，朝倉書店，1987，は示唆が多いことをつけ加えておく．）MDS については，林知己夫・飽戸弘編著：『多次元尺度解析法』，サイエンス社，1976．同：『多次元尺度解析法の実際』，サイエンス社，1984，がここに入ることになる．

　1970 年代になるとフランスの文献に数量化 III 類のような図がよく目につき出した．調べてみると J.-P. Benzécri（ベンゼクリ）教授が，correspondence analysis（CA）と称し，数量化 III 類と同じ方法を開発していた．1973 年に著書も出版されている．現在の数理統計学（多変量解析も当然含む）に反旗を翻し，独自の方法をその思想とともに発展させていたのである．きわめて共感を覚えるものがある．しかし，数量化全般にわたるものではなく III 類の範囲にとどまっているのは，数量化の源泉となる発展的思想と異なっているためと思われる．カナダのニシサト教授の dual scaling も同じ系列のものである．数量化 III 類も，数量化の世界からいえば，源泉から流れ出た一つの流れにすぎない．

　数量化 IV 類は多変量解析とまったく異なる発想から出ている．二つのものの間の類似性あるいは非類似性が数量（あるいは数値）で与えられている場合――ただしいわゆる数学的意味のメトリカルでなくてよい．むしろ大小を表す

ファジーなものと見てよい——この情報をもとに要素 $(i, j=1, 2, \cdots, n)$ の関連性を見いだそうとする方法である．つまり，要素のユークリッド空間（二次元あるいは三次元）内の位置，それを総括する内部構造を求めようとする考え方である．

 これはソシオメトリーのデータを用い集団構造を見ようとしたもので，数量化のごく初期に完成されていた方法である．ファジーな関係をもとに大体の構造を知ろうとするところにその特色がある．方法もそれに応じて甘い測度が用いられているのである．これも数量化Ⅲ類と同様に要素の並べ替えに端を発するものである．要素の間の関係がランクオーダー（対称なら $n(n-1)/2$ 個ある）として与えられている場合がMDSとなる．Ⅳ類はMDSの原型となっていたのである．

 ここで注目すべきことは，外国では判別分析，CA，MDSはまま専門分野を異にして別物のように考えられているが数量化の考えに従えばまったく同じ種類のものである．統一的考え方から流れたものにすぎず，自然に同様なものと考えられるのである．数量化Ⅳ類からよく実際に用いられるMDA-OR（MDA-UOはⅡ類から）やAPMという方法が派生しているのである．

 外的基準のない場合は，この他にも多くの方法が——一見異なるように見えながら，数量化の考えに従うとき一つの流れに乗ってしまう——発展してきている．

 分類というのも新しい方法である．分類内はなるべく似ているように，分類間はなるべく異なるように，分類するのであるが，何が似ており，何が異なるかから考えを進め，そのために必要な測度を作ることから始まる．$X_{1i}, X_{2i}, \cdots, X_{Ri}$ という多次元的データあるいは要素間の多次元的関係から始まるのであるが，これをどう目的に沿って分類の形に（外的基準のない場合である）まとめ上げるかを講究するものであるが，数理統計学の多変量解析とは，まったく発想を異にするものである．

 分類については，その基本的考え方は『行動計量学序説』第13章に記述があり，また大隅昇：『多次元データ解析における分類手法の役割—分けて知ることの効用の難しさ』（ESTRELA，2000年10月号，（財）統計情報研究開発センター，pp. 10-20）に適切な論述がある．その巻末に基本的な参考文献が

あげられているので参照されたい．

このほか，多くの方法が開発されている．textual data の analysis, conceptual data analysis は，方法としては数量化の領域に入る行き方であるがいろいろ工夫が面白い．（これにはデータの科学による考え方と類似点がある．
L. Lebart, A. Salem and L. Berry: *Exploring Textual Data Analysis*, Kluwer Academic Publishers, 1998)

ニューラルネットワーク（neural network），コンジョイントアナリシス（conjoint analysis）は単なる技法であり，多変量解析（旧来の統計科学）の延長上にあり，伝統的モデルを基礎におく窮屈なものに思えてならないが，それなりの利用法はあろう．因果関係を求めようとするパス解析（path analysis）は，データの科学の立場からは虚妄の理論に見えるし，「データにより本当に現象を理解する」立場からは，本当に自信があるのかと問いたい．

multilevel data analysis といわれるものがあり，階層構造のある現象に応用されているが，とりたてていうようなものではない．また，要因と外的基準の間に階層構造を考えるのは理解しやすいものであるが，私の経験からなかなか「そうは問屋はおろさない」という実感がある．

symbolic data analysis, knowledge organization は，今のところあまりに形式的で無内容な手続きに思えるが，これを行っている人がデータに習熟してくるならば，「データの科学」の範囲に入る新しい方法論を生み出してくるものと期待できる．

おわりに——因果関係論

　因果関係を論じることは，いわゆる科学の核心にあった．とくに精密科学はこれを無視しては成り立たないと思われた．実験室の実験が実験室を超えて「現実」のものにしっかりと還元されてぴたりと予測が可能ということが正に素人には驚異であり，玄人の誇りでもあるわけである．実験とは既知のいくつかの条件（あまり複雑では意味がない．少数なほどよい）の下に成り立ち，そのコントロールにより結果がどう左右されるかを調べるという形で，因果関係はそれなりに明解であったということができる．

　精密科学を土台として，科学とはこういうものだとの固定観念ができ上がってきたものと思われる．実験室内でも，生物現象ではなかなかこういくものは少ない．実験動物に対して細菌やウイルスの有無によって生体現象が引き起こす「ある種の現象」を見ようとする場合は，コントロールする条件がただ一つ「有・無」ということなので扱いやすく，その原因が激烈なものであれば，すべて死亡するか，生体に与える変化が強いのでわかりやすい．こういうことを経て，実験室内では因果関係の把握はできたと考えやすい．しかし，このようなものでない状態にあっては，生物であるには複雑な条件がからみ合って生きているので因果関係をいうのは難しい．要は知ろうとすることのレベルにかかっているといえる．

　精密科学の場合でも，量子論が出てくると問題は実験室内でも簡単ではなく確率的な現象もあり，測定論を含めて，因果関係論が大きな議論を呼び起こした．量子論の出現以後この問題は哲学的にも論じられたが，いずれにせよ因果関係論は精密科学の華である．

　一度，実験室を離れ，社会現象となると，条件をコントロールするにも実験条件はあまりにも多く，条件に反応する人の個人差もさまざまであり，まして社会現象は実験するなど人倫的に許されるものではない．つまり，因果関係を単純に割り切ることは不可能である．にもかかわらず，なお因果関係に固執す

る気風は一向に衰えない．精密科学の魔法にかかったようにもみえる．

　調査法の個所でも触れたが，レトロスペクティヴ調査がそれである．何か起こったとき，その原因を調べるという行き方である．航空機大事故の事故調査委員会のところでも述べたが，これはレトロスペクティヴなもので「事故を合理的に解釈する」のがその目的であり，原因の一端はわかるかもしれないが，それで事故が起こったという確証は一つもない．誰がみても推理がおかしくないということを狙うのであって，因果関係の説明になるものではない．これも前述したが，事故は，思いもかけぬ要因に基づく諸ミスの不合理とも思える連鎖によって起こるもので，IRASによると驚くばかりである．レトロスペクティヴ調査で不合理と思える考えを書いたら笑いものになるだけである．事故調査委員会は「見てきたような嘘を言」えばよく，合理的推論で人々を納得させるものでなくてはならない．これでハード面の改善が行われることになるからで，正しい因果関係を明確に指摘するものではないと思った方がよい．一般にレトロスペクティヴ調査でわかったことは，プロスペクティヴ調査の要因としてどう働くかが確かめられねばならない．レトロスペクティヴ調査では思いもつかぬ要因とその絡み合いの要因が見いだせ，プロスペクティヴによって有効になれば満足すべきである．プロスペクティヴ調査をうまく行ったとしても，それが因果関係を示すとは限らない．なぜなら，統計学の初歩の本に必ず書いてある「統計学は因果関係を示すものではない」という鉄則・正論があるからである．因果関係は実証し得る理論のあるところにおいてのみ議論のできるものである．複雑・曖昧な現象の取り扱いでは，因果関係が十分わからなくても，現象が改善され，すべてよい方に向かうことがデータによって示されればよいと思っている．つまり，これは「因果関係らしきもの」という意味で役に立つわけである．

　Aという疾患にかかった者には必ずaというものがあるとしよう．これはレトロスペクティヴ調査でわかる．Aにかかった患者がなぜA疾患になったかの調査分析である．そうすると他の者でもaは必ずあるかもしれないし，あるいはあったりなかったりするかもしれないということがわかったとしよう．aはA疾患の原因であろうか．必ずしもそうでないことは明らかである．aがあってもA疾患にかからない人がいるからである．これを調べるのは大変なことで，不可能かもしれない．aが存在しなければA疾患は生じない．

おわりに——因果関係論

　これもなかなか難しい．aをコレラ菌，Aをコレラ疾患とすれば単純になりわかりやすい．コレラ患者は必ずコレラ菌をもっている．これは同義反復のようなものである．コレラ菌がなければコレラは起こらない．これも同義反復である．コレラ菌をもてばコレラは必ず起こる．こういうことはない．コレラ菌を持っていても発病しないものがいるからである．このような単純で明らかなことでも完全な因果関係はいえない．いえなくとも，コレラ菌をなくせばコレラ患者がなくなるからよいということになる．

　Aを高血圧，aを食塩を1日10g以上とることとしよう．こうなると関係はますます怪しくなる．高血圧患者は必ずしもaではなく，aがなくとも高血圧は生ずるし，aがあっても高血圧にならない人はいくらもいる．こういう場合は，前にも述べたがリスクファクターという言葉が使われ，因果関係をぼかしているが，心の中では因果関係が巣くっていると思われる．これも「リスクファクターが存在する」のではなく，個人差により，条件次第で「リスクファクターになる」と考える方が科学が進歩する．食塩を多くとっても，動物蛋白を多くとれば高血圧になることは少ないことが示されている．

　要するに複雑・曖昧な現象に対しては「因果関係らしい」ものをほどほどに望みながら研究を進めるという立場があるわけで，何でも彼でも厳格な因果関係追求に絞って研究条件を厳しく設定して研究を進めるという考え方は生産的でなく，役に立たない研究を行うことになってしまう．社会現象では，よく「なぜこうなったのか」という説明を求められることが多い．「日本の教育が荒廃したのはなぜか」というのを思い浮かべればよい．理由らしいものをあげれば数限りなくある．それをあげたところでなかなか承知してもらえない．すっぱりと最も重大な原因は何かと因果関係を要望されるが，考えることができても実験し直すことは不可能なので水掛け論に終わってしまう．こういう発想そのものが不毛なのである．現状と諸データによって表現し，これが改善される方策を過去の現象の分析から多面的に考えてプロスペクティヴに実行していき，その結果がデータによって表現されることが望ましいことである．イデオロギーや外国の猿真似で実行に移すことがよく行われているが，結果がデータによってどうなっていくかを追求するという行き方がこれからは望ましい．こうしたことは試行錯誤のデータによるコントロールと考えればよいわけである．話がわき道に外れたが，こうした現象は「因果関係らしい」ものの考え方

で，精密科学でいう因果関係と質を異にするものであり，いつも留保条件つきで「らしい」ものとして，注意深く考え，取り扱ってゆかねばならない問題である．

　厳密な因果関係を追い求めることは実験心理学で行われているが，これが人間の心理にいかに貢献するか，人間理解にいかに貢献するか，疑問に感じている．

　因果関係追求はマクロ的なものを分離し，次第に単純なものへと一方向的に分化させていく．人間の生体理解のためにミクロの世界に入り込み，さらに物理・化学にまで分解される．そこまでいって，仮に因果関係がわかったとしても（因果関係らしきものがわかったとしても），複雑な諸要因の絡み合い，ダイナミックスで人間は生きているので，もとの人間生体の有機的現象に戻して役立てることは不可能であるように思える．しかしこれが科学の進んでいる大道である．如何ともし難いのであるが，マクロはマクロなりに考えて有用な情報を取り出す——必ずしも因果関係にとらわれない——ことも考えてよいのではないか．

　データの科学は，因果関係にこだわる呪咀から解き放たれ，探索的に個人の知慧を高め，知識を広めつつ，複雑・曖昧なものを取り扱う科学の進展に貢献したいものと考えている．これが本書の底流となっている．

あとがき

　本書は，今日データの科学として重要と思われる考え方や方法について述べたものである．これまでの定本的教科書に書きづらいことにも焦点を当てた．これらの多くはよって立つ「科学基礎論的立場」を無視しては書けない問題である．このため，"私の立場"というものがあまりに強調されすぎているかもしれないが，この点はお許しいただきたい．データの科学は完成しているものでなく，試行錯誤のうちに作られつつあるものである．データの科学は現実に生かされ用いられているうちに，次第に完成度の高いものになってゆくのである．

　私の立場は私の血のしたたる体験を土台として築かれているので，ここに触れておきたい．

　もう55年以上も昔のことになる．第2次大戦のさなか，学校で習った数学しか知らない私は，陸軍航空本部に属し，航空作戦のための情報収集と解析に当たることになった．ドイツで試みているという情報を手がかりにスタートしたばかりの今でいうオペレーションズ・リサーチ（戦略研究）の班に配属され，事始め的な発想でヨーロッパ戦線での連合軍による防空作戦や上陸作戦のための空襲パターンの解析などデータをもとに右往左往しながら行っていたのである．

　ちょうど戦局が悪化し，B29の空襲が始まった頃で，マリアナ基地からの来襲機数を経時的にグラフにとっているとほぼ一定水準を上下し，経験的に保有機数のうち何機が出動できるかという実動率がわかる．ところがある日，突然，来襲機数がそれまでの水準を上まわった．その後またもとのレベルに戻るが，2週間たつと来襲機の数がそのもとのレベルより一段上のレベルに上昇する．このデータを解析してゆくと，急に来襲機数が増えたときに新しい部隊が到着し，一度試みに出撃したあと整備・訓練に約2週間を使い，それから本格的な出撃体制に入ることが推測される．

この推測は捕虜からの情報によって確認されたが，来襲機数の変化という数字のデータに正しい解析を加えれば，短期時には来襲機数の予想ができ，また長期的には本国での生産機数の推測を行い，部隊編成に要する期間を考えに入れれば，いつ頃どれくらいの規模の来襲があるかの予想ができることがわかった．この解析結果に基づいて防空計画がたてられるのだから，私たちがデータの解析に文字通り死にもの狂いで取り組んだことはいうまでもない．

さらに戦局が悪化し，体当たりによる神風特別攻撃隊の作戦が始まると，初期の戦果をもとに体当たり攻撃の方法——急降下攻撃か低空横腹攻撃か——による攻撃成功率の割り出しを行った．特攻作戦開始初期の頃は，パイロットの技量がすぐれていたこともあり，事前確率（一様分布）に基づく弾道学の考えを用いてデータ分析を慎重に行ってみると，60%前後の高い命中率を示し，攻撃方法としては船の進行方法からする急降下攻撃（相手に船腹を向けられることが少ない）が最も効果的であることがわかってきた．生死をかけた第一線ではない内地の航空本部での机の上でのデータ解析であるが，そのデータは生命を賭して散華した先発の特攻隊員が与えてくれたものであるし，その解析結果は，あとにつづく特攻隊員の死が目的完遂に結びつくか否かを左右する．

結局，こういった個々の努力も，敗戦への大きな流れを変えようもなかったわけであるが，漫然と見れば見かけ上は単なる数字の並びにしか見えないデータが，実は人間の尊い血であがなわれていること，そしてそれに基づいた現象分析の結果が戦局を左右する凄絶なものであることを，身をもって知ったのである．

特攻機の攻撃分析については後日談がある．戦後，アメリカで出版されたP. M. Marse and G. E. Kimball: *Methods of Operations Research* (John Wiley, 1951) という本に，特攻機の命中率の解析結果が出ており（ケースは

特攻機の攻撃方法と命中率

	対 抗 手 段	命中率(%)
急降下攻撃	船腹を向けるように航行	17
	船腹を向けないで航行	73
低空横腹攻撃	船腹をみせて航行	67
	蛇行して船腹をそらすように航行	45

37隻とわれわれのデータ同様少数である），それはわれわれの戦時中の分析結果とほぼ同じだった（表を参照）．戦後，学問の模索期にいた私は，この事実から調査・統計的方法の科学としての正しさを改めて衝撃的に認識させられた．

　戦時に体験した諸種データによる作戦研究を通して得た結論は「データの質を重んじ，正しい手法で解析すれば必ず正しい結果が出る．統計とはすごいものだ」というものであった．

　『データの科学』と題するこの本の最後に，あまりにも個人的な昔話をしてしまったかもしれない．しかし，まず私自身がデータについてどのような姿勢で取り組んでいたか，またいるかを明確にしたかったのである．それはひと口にいうと「調査や実験という道具でデータをとり複雑・曖昧な現象を見たり，考えたりする」という立場である．

　複雑でかつ常に変化している曖昧と見える対象をとらえるには，さまざまなやり方があるであろう．ある人は哲学的に，ある人は文学的に，またある人はイデオロギー的立場からそれにアプローチし，それぞれの像を描き出す．私の場合，"データ"がそうした現象へのアプローチの手段なのである．

　関心の中心である社会調査についてもう一度言い直してみよう．社会調査は社会を把握するための一つの方法であるが，その守備範囲は実に広く深い．調査の根底には"データの論理"がある．実際の調査はこの論理を突きつめ，活用してゆくことになるが，それを行うのはあくまで人間にほかならない．そして調査を行い活用する人間に要求される根元は，データに対する情熱である．ではどうすれば，データに対し情熱をもつことができるだろうか．人は自分で信じないものに，自分の情熱を傾けることはできない．だからデータへの情熱をもつには，その前提としてデータが本当に役立つものであることを体験し確信しなければならない．

　私の場合，先に述べた戦争中の血のにじむ体験からデータの有効性に対する確信をもつようになり，それが今にいたるまでデータの研究の方向づけとその実行を進める原動力となってきた．これがデータの科学となったのである．この確信は本を読んだり，教えられた理屈から生まれるものではない．自ら実際に体験し，痛みや喜びを味わうことによって培われるものなのである．

付　　録——文献解題

「序にかえて」で言及した関連文献についてその内容を明らかにするために，ここで解題をつけておく．

■ 本書の一部として読んでほしい文献

『数量化の方法』，東洋経済新報社，1974
　数量化は単なる方法ではなく，その考え方が重要である．いわば「数量化の哲学」なくして数量化を有効に行うこと，あるいは数量化の方法を適切に用いることは期待できない．この本は，数量化の考え方をいろいろの角度から説明したものである．また，その II 部に数量化の拡がりについて書いてあるが，これは数量化の応用やデータを取り扱う関連事項が多い．今日からみるとデータの科学の考え方のよって来る道筋が明らかにされていると考えられる．データの科学の原型をみることができる．ただし，「序にかえて」で触れたように「現象解析の方法論」のところでは，伝統的な考えの残滓があり，今日では不満足なものであるので，ここは削除していただきたい．

『数量化—理論と方法』，朝倉書店，1993
　これは数量化の方法を詳しく述べたものである．今日，数量化の解説書は多くあるが，技法とソフトウェアが中心であり，まさに実用書である．それらには数量化の心が抜けているように思われる．
　この書の序文はその内容をよく示しているので，次に引用しておこう．

　　数量化の方法，考え方，理論の始まりは，コンピュータの普及していない当時，手回し計算機，やや下って電動計算機の使われていた時代に起こったものである．篤志家が努力を重ねコツコツとデータをとって計算していたのである．それは，コンピュータの普及とともに爆発的に普及し，至る所で応

用されるに至った．このように手軽に計算できるとなると，その使い方も変わってきた．昔では考えられないような使われ方で成果があがってきたのが今日の姿である．こうなると新しい数量化の方法の作り方も変化したきた．コンピュータで容易に計算できるという基盤の上に，数量化のフィロソフィーの下に，新しいものが生産されるに至っている．こうした事情を勘案して，本書の構想を考えた．

　実用書的な――これをみてただちに使えるというような――行き方をやめ，次のような書き方をすることにした．これは，私の好みにぴったりしたところでもあった．

　（1）数量化の豊かな使い方，実りある応用ができるような本にすること．この本をみていると，いまの自分の目的を達成するためにはこうしたらよいというような，新しい使い方に気がついてもらえるようにすること．これは，数量化の消費者が，これを使って自らの領域で新しい面を開拓し，それが役に立つものにすることを念願しての行き方になる．

　（2）いま遭遇している困難な問題解決には，どのような考え方に立って数量化の新しい方法論や方法を開発していったらよいかというようなことに対して示唆的であること．

　（3）行動科学のあり方を念頭におき，その領域において有用であること．こうなると，できあがった理論をよく整理して（後向き的論理，"後向き的"後づけの合理化，結果論的説明になる）いく行き方は教育的に――新しい知識を与えるという意味で言っている――すっきりしたものになっても，上記の目的のためには得策ではない．数量化の考え方，理論，方法論，方法（一言で"方法"という言葉で代用する）は，机上でできたものはわずかであり，多くのものが実際の問題の解決のため苦闘した中から生まれている．そこで問題の発生から説き起こし，数量化の方法ができあがりつつある過程――またその考え方の展開の仕方――や気持が見えるように書くことにした．迂遠なところもあるが上記の本書を書く目的達成のために望ましいと考えた．また，応用例をつけたが，実例の場合は―理論理解のための数値的例示は別として原則として人工データを用いない．人工データの解析に酔うと実際のデータから新しい方法がみえてこなくなるからである―行動計量的立場 (design for data, collection of data, analysis on data) から行われた調査や

実験の一部を切り取って示すことにした．したがって，あえて結果の解釈なども書き加えて血の通ったものになるように努めた．

『行動計量学序説』，朝倉書店，1993

行動計量学が発展して「データの科学」となったわけである．したがって行動計量学のうち，今日の立場に立てば，データの科学と言い換えてよいものが多い．次に引く本書の序文がその考え方をよく示している．

　　行動計量学では統計学の諸方法が盛んに用いられることに鑑み，そうした統計学の古典的諸概念を行動計量学的立場から説明し直す，つまり概念的に再構築をすることを試みてみた．もとより，すべての統計学の概念を取り上げることは煩雑になるので，重要な基本的事項に限って説明することにした．なお，行動計量学で多用されている多変量解析や数量化に関しては，行動計量学シリーズの他巻や本書と同時期に刊行される別書（林知己夫『数量化—理論と方法』朝倉書店）で詳しく取り扱われるのでこれを除外し基本的なことのみに限った．これが第Ⅰ部の内容である．

　　第Ⅱ部は，行動計量学で考慮しなければならない事象に関するデータ分析の諸方法の意味を，行動計量学的立場から説明し直したものである．これも，古典的なものも含んでいるが，説明の立場に注意していただければ，行動計量学の考え方が理解されよう．

　　第Ⅲ部は，私が行動計量学の立場を強く意識して考えた，あるいは考え直したいくつかの実例について述べる．私が行動計量学を意識せずには，このような形にならなかったもので，序説に取り上げたかった事項である．

『標本調査法』，鈴木達三，高橋宏一著，朝倉書店，1998

標本調査はデータをとるときの基本で，どうしても身につけねばならぬものである．重要であるにもかかわらず，標本調査法を理論と実際について書き込んだ書は，近時絶えて出版されることがなかった．不思議なことに軽視されていたのである．本書は，理論と実際の調査に通暁した経験豊かな著書が書き上げたもので，標本調査法の今日における定本である．

『森林野生動物調査』，森林野生動物研究会編，共立出版，1997

　標本調査法の一種であり，動く母集団の標本調査法というべきものである．データに基づく野生動物の管理はデータの科学の重要な一環である．森林野生動物の生態に関し，その基本となるのがその生息数である．自然のバランス，自然の豊かな存続，人間と自然の共生には，森林・草地・湿原・湖沼・河川・海岸・海の様相と各種野生動物の生息数や生息密度のバランスがあるわけで，動物の面からみればあるものが増え過ぎたり，減少し過ぎたりすると自然の豊かな存続に影を落とすことになる．このように，生息数（密度）・その動態を知ることが大事であるにもかかわらず，科学的に精度を評価できるような方法が知られていないのである．すべての動物について，そうした方法が開発されているわけではないが，ある動物について適用できる方法は現に存在しているのである．

　本書でとりあげられた方法は，具体的な体験によって裏打ちされた方法である．動物の種類に適した方法が選ばれることが望ましい．1つの方法が，必ずしもすべての動物の生息数推定に有効であるわけではない．推定の難しい動物は存在する．第II編の方法はオーソドックスなものであるが，これを活用して効果をあげるには，いろいろなことを考える必要がある．このため応用編を用意した．一般的方法と，このノウハウを合わせて工夫すると，生息数に関して豊かな科学的情報を得ることができるであろう．

『社会調査ハンドブック』，朝倉書店，2002

　社会調査に関する諸方法を今日的立場からまとめたもので，データの科学のなかで言及される諸技術を知るのに適している．ただ，ハンドブックなので特別の哲学があるわけではない．事項の解説そのものと思っていただきたい．

■ データの科学を具体的に知るための文献

　以下の文献は，データの科学の考え方でいかに現象を的確にとらえていくかを示したもので，本書を補う意味がある．

『日本らしさの構造』，東洋経済新報社，1995

　データの科学に基づく，「社会調査による国際比較」を考えたものでとくに，

翻訳の問題と調査の比較可能性の問題をとりあげている．

『社会調査と数量化（増補版）』，鈴木達三と共著，岩波書店，1997
　その副題に「国際比較におけるデータの科学」とあるように，全面的にデータの科学の立場から国際比較の諸方法を理論的・実際的に取り扱ったもので，本書の肉付けをなすものと考えてよい．以下，その序文を引用しよう．

　　本書は，狙いからいえば社会調査方法論である．しかし，通常の書き方とは全く異なったものになっている．「社会調査の方法について書いたものをみると，手法の説明は理解できても，社会事象のデータによる現象解析の中でどう活用したらよいかが解らない」という話をよく耳にする．つまり，方法が解り適用法が解っても，社会現象の解明という大きな問題に立ち向ったとき，どの方法をどのように用いてデータ解析を展開していけば問題を解き明かすことができるか，が解らないというわけである．
　　（中略）
　　その方法として，具体的な問題を捉えて，探索的な考え方や方法でデータによる現象解析を行ない，これまでの一通りの方法では解らなかったことが，こうした一連の方法を用いると隠されていた情報がベールを脱いで現出するということであれば目的が達せられよう．つまり，体験的方法である．しかし，これは単にデータの計算方法によるだけの問題ではない．こういう考え方に立って，いかに調査の組み立てを行ない，調査を実施するか，という根本問題にも関連が深い．調査による現象解析の根本的なフィロソフィーの確立が重要であり，調査の始めから終りまで一貫した考え方が必要である．しかし，これは何もかも掌の上で最後まで見透さなければならないということを意味しない．実際に，「事実は小説より奇なり」であって，最初に我々の考えたことは必ずしもすべて終りまで正しいとは限らない．複雑な問題を取扱うときは本文にも書いた通り，試行錯誤をくりかえし，ある仮説からデータ分析を通して新しい仮説へ，データからさらに新しいデータへと進み，一つ解り問題が解かれ，一つ解らなくなり新しい問題提起がなされるというふうに考える必要がある．こうして進むうちに情報が体系化され人間の知慧が増加してくる．さらにこの上に立って社会調査が進むということになる．

付　　録——文献解題

　こうした考え方が具体的に実現されるためには，どのように考え，どうしたらよいかというアプローチの方法から始め，またこうすればどのようにして知識が体系化されるかに終る過程を本書で書いてみようと考えた．つまり，血の通った社会調査法の本を書いてみたいと意図したわけである．これが社会調査法の一つのモデルであってほしいと願っているわけである．
　次に素材としてなぜ社会調査による国際比較の方法が取り上げられたかを説明しよう．社会調査の方法が未熟であった場合は，国内調査の分析を通して新しい方法が開発され，従来の方法で解らないことが解ってきた．しかし，ある程度に達すると新しい方法が生れなくなる．国内データ解析の型がきまり，これである程度のことが解ったとして満足してしまうのである．ここに，国際比較が持ちこまれたらどうなるか．通常は国内で得られた方法を用い，国際比較も同じように考えてデータ分析を行なってしまう．単純に考えて集計された回答分布をもとに解釈をつけてしまう．これが通常のやり方である．しかし，よくデータを見ると解らなくなる，つまり，日本のデータ解析の考え方の常識では，説明のつかないことが起ってくる．こうなってきたときが大事である．一問一問の回答分布（％）の比較ではたいして差がないのに，何かその出方，比率の大小の方向が日本の結果のようになっていないことをハワイの日系人調査で経験した．このとき，「考えの筋道」つまり質問群に対する回答メカニズムともいうべきもの，質問群を通してその回答を規定する考えの軸，大げさにいえばデータの中に思想を見出す問題の重要性がわかってきた．これは，同じ日本人のデータを解析していたときには見逃していたことである．そこで，このためのデータ解析の方法を工夫することになった．これには我々がかねて研究していた「質的データの数量化」の方法が極めて有効なことが解った．こうして分析してみると日系人と日本人との間に大きな「考えの筋道」の差のあることが解ってきた．これを等閑視していたのでは単純な集計結果の楽観的な読みは大きな誤解につながっていく．この「考えの筋道」という観点から見ると，今まで釈然としなかったデータの構造の差異がすっきりと整理されて見えてきたし，回答分布の位置付けも可能になってきた．
　逆にこの方法を用いて日本国内の時系列データを分析すると，これまで思いも掛けなかった事実が現れてきた．大きな知見が出てきたのである．

つまり，国際比較というこれまでにない対象を手がけたために新しい視点や方法が得られ，これが国内データの解析に新しい視点を与え，新しい情報をえぐり出してきた一つの例である．国際比較では考えるべきことがまだまだ沢山あり，この未開の領域に分け入ることによって新しい方法が開発され，これが一般の社会調査に還元されることになる．こうした意味で，国際比較調査は難しいが手が全く付かぬほど難しくもなく，また容易なものでもない．私どもの考えている対象に対する「国際比較」の研究は，社会調査法研究の宝庫であり，これを極めていけば，調査法，データの解析法が発展してくることになる．こうして，方法が鍛え上げられていけば，より困難な比較研究や複雑な社会事象の解明に切り込むことが可能になってくる．

『日本人の国民性研究』，南窓社，2001

前著『社会調査と数量化』同様新しいものなので，はっきりデータの科学を意識して書かれたものである．内容的に前著と関連は深いが，書き方はまったく異なっている．国民性研究の正攻法といえるもので，データの科学から国民性の問題を明らかにしようと試みたものである．国民性のような複雑なものをどうしてデータの科学の立場からつかまえるか，から始まり，研究がどのように発展して，データの科学として形を備えていったかを明らかにしている．また，この方法論を踏まえ，45年にわたる日本人の国民性調査，日系人を含んだ7か国国際比較調査から，データによって日本人の国民性を浮かび上がらせようと試みたもので，実際に即してデータの科学を理解することができる．

索　引

ア　行

IRAS　19
曖昧　ii
曖昧な性格や構造　ii
アプリオリの分布　101
R 次元ガウス分布　107

意外性　53
　——のある質問　46
一次元的発想　103
一対一訪問面接法　41
一対多の関係　44
一対多の情報　3
一般化　14
イデオロギー　1
因果関係　3, 106, 113
因果関係らしきもの　114
因子分析　107
因子分析法　108
インターネットによる調査　42

APM　110
MDA-OR　105, 110
MDA-UO　110
MDS　106, 110
円環的連鎖　37, 80

おはじきによる回答　51
オペレーションズ・リサーチ　117

カ　行

回帰分析　108
開集合　15
回答肢法　45
街頭調査　42
回答
　——の一致度　86
　——のゆれ　53
回答法　131
回答変動　60
概念　9
概念化　13, 14
科学　1, 6
　——の理論　2
科学基礎論的立場　117
科学的方法　4
科学的方法論　6
科学方法論　iv
確率　25, 29
　——による論理　2
　——の数学的定義　26
確率論　25
仮説-検証　4, 5, 6, 9
合併　82
肝要性　2

危険因子　18
危険の分散　104
記述的統計学　108
記述統計学　6
擬似乱数　30
QOL（quality of life）　18

偶然の要素　27
クォータ法　75
グラフ化　104

形式論理　2, 4
K-L 型数量化　87
現象解析　ii

恒常和法　52
構造発見　13
構造分析　82, 104
『行動計量学序説』　123
合理スケール　46
国際比較調査　77, 82
国内調査　82
国民性の国際比較研究　36
個人差　18
個と集団の関係　4
個票
　——を読む　63
　——のチェック　71
コレクティフ　26, 29
correspondence analysis (CA)　106, 109
コンジョイントアナリシス　111
コンピュータを用いての訪問調査法　41

サ　行

最小二乗法　103
最尤法　103

CAPI　41

試行錯誤　115
事前確率　100
事前-事後調査　40, 43
実験　23
　——の計画法　iii
　——の計画・方法　2
実験群　39
実験計画法　i, iii
質問の性格を示すデータベース　53
質問の分割と合併　83
質問文作成　45
『社会調査と数量化』　124
重回帰分析　108
自由回答式　45
集計　82
集合調査　42
重相関係数　108
集団
　——と個　31
　——の合併　94
　——の分割　83, 86
集団特性　4
主成分分析　108
主成分分析法　108
上昇螺旋的研究　16
シンプソンのパラドックス　90
『森林野生動物調査』　124

推測　107
数理統計学　6, 107
数量化　105
数量化II類　110
数量化III類　34, 48, 50, 65, 77, 79, 81, 96, 98, 105, 109
数量化IV類　89, 109
『数量化―理論と方法』　121
『数量化の方法』　121
数量化分類　106
素性の知れた測定道具　53

精密科学　i, 1, 4, 6
折半調査　43
選出行為　27
漸進的行き方　17
戦略　16
戦略研究　117

相関比　103
操作的　2
相対頻度　27
促進要因　46
促進抑止要因　46
測定　44
測定道具　17
即物的（調査対象集団）　22

タ 行

対応分析　106
対照群　39
　——を用いる調査　43
対照群実験　39
大数の法則　30
多因子法　108
多次元尺度解析法　106
多次元データ解析　ii, 108
多次元データ分析　105
多変量解析　ii, 106
多変量解析論　107
多様性　13
探索　4, 10
探索的戦略　12
探索的方法　12
単純集計　104

知恵　ii, 2, 15
逐次近似　17
　——のプロセスの科学化　13
知識　ii, 15
中央極限定理　107
中国的リーダーシップ　98
調査

　——における誤差　74
　——の科学　ii, iv, 8
　——の計画・実施の方法　2
調査機関による差　75
調査対象集団（U）　22
　——の決定　33
調査票構成　45
調査不能　53
治療
　——の科学化　18, 39, 104
　——の個別化　18
　——の問題　18

定点観測的調査　42
出口調査　42
デシジョンメーキング　100
データ　5
　——をとること　i
　——による現象理解　7, 8
　——によるコントロール　115
　——による作戦研究　119
　——計画と実施　21
　——の構造　4
　——の質の評価　71
　——の収集　11
　——の分割と合併　82
　——の平均値　4
データ解析　ii
データ科学　iii
データデザイン　11
データの科学　ii, iii, 5, 8, 10, 13, 117
　——の戦略　17
データ分析　11
データマイニング　18
手慣れた道具　53
dual scaling (DUS)　106
伝統的科学　i
電話調査　42

索　引

投影法　46
統計科学　8
統計学　i, 6, 8
　——における諸方法　99
統計学的モデル化　i
統計数理　ii
統計的決定理論　100
統計的方法　6
統計的モデル　9
統計的モデル化　6
洞察力　2
動物実験　40
特殊（化）　14

ナ 行

内分散　103

二因子法　108
二重盲検法　18
『日本人の国民性研究』　126
『日本人の読み書き能力調査』　32
日本・中国・台湾　98
日本的リーダーシップ　98
『日本らしさの構造』　124
ニューラルネットワーク　111

ノンレスポンス　53

ハ 行

バイアスをかけた質問　45
回答法(配布回収・留置・自記式による)　41
パス解析　111
発生阻止要因　46
発展的思想　5
パネル調査　43
パラメータの決定　i
判別分析　108

引き金要因　46
非合理スケール　46
標識系列　26
標識集合　26
標本（S）　23
標本調査法　i, 32
『標本調査法』　123

ファセット理論　45
フォン・ミーゼスの確率論　30
不確定な要素　i
複雑　ii
複雑で曖昧な現象　1, 5, 9, 10, 12
複雑な関連性　ii
複雑な現象のデータ　82
複雑な現象分析　82
物理乱数　30
プロスペクティヴ調査　43, 114
分割　82
分類　110

ベイズ推論　100
兵站要因　46

母集団（P）　23
母集団構成　25
ポテンシャル　2
翻訳による差異　77

マ 行

前向きの性格　9
マクロ（の世界）　116
マハラノビスの距離　107

ミクロの世界　116
三つの相　11
民法法人調査　53, 64

無規則性の条件　28, 29

命中率　100
メーター（機械）による調査　42

モデル　9
モデル化　i, 6
モデル構成　i
モデル選択の理論　6
問題解決　2

ヤ 行

郵送法　41
誘発要因　46

予測　24

ラ 行

ラデックス法　108
乱数表　30
ランダマイゼーション　25

リスクファクター　18, 115
理論　5
　——による現象理解　6, 7
理論式　i
臨時調査　42
臨床試験　39

レトロスペクティヴ調査　43, 114
連鎖的比較調査分析法　37, 45

論理的　2
論理的（調査対象集団）　22

著者略歴

林　知己夫（はやし　ちきお）

統計数理研究所名誉教授
輿論科学協会会長
森林野生動物研究会会長
理学博士

主な著書
『統計学の基本』編著，朝倉書店
『行動計量学序説』朝倉書店
『数量化―理論と方法』朝倉書店
『社会調査と数量化（増補版）』共著，岩波書店
『日本人の国民性研究』南窓社

シリーズ〈データの科学〉1
データの科学　　　　　　　　　　定価はカバーに表示

2001年6月1日　初版第1刷
2012年5月25日　第4刷

著　者　　林　　知己夫
発行者　　朝　倉　邦　造
発行所　　株式会社　朝倉書店
　　　　　東京都新宿区新小川町6-29
　　　　　郵便番号　　１６２−８７０７
　　　　　電　話　０３（３２６０）０１４１
　　　　　ＦＡＸ　０３（３２６０）０１８０
　　　　　http://www.asakura.co.jp

〈検印省略〉

　Ⓒ 2001〈無断複写・転載を禁ず〉　　　　中央印刷・渡辺製本

ISBN 978-4-254-12724-9　C 3341　　　　Printed in Japan

JCOPY ＜(社)出版者著作権管理機構　委託出版物＞
本書の無断複写は著作権法上での例外を除き禁じられています．複写される場合は，そのつど事前に，(社)出版者著作権管理機構（電話 03-3513-6969, FAX 03-3513-6979, e-mail: info@jcopy.or.jp）の許諾を得てください．

好評の事典・辞典・ハンドブック

数学オリンピック事典	野口 廣 監修	B5判 864頁
コンピュータ代数ハンドブック	山本 慎ほか 訳	A5判 1040頁
和算の事典	山司勝則ほか 編	A5判 544頁
朝倉 数学ハンドブック［基礎編］	飯高 茂ほか 編	A5判 816頁
数学定数事典	一松 信 監訳	A5判 608頁
素数全書	和田秀男 監訳	A5判 640頁
数論＜未解決問題＞の事典	金光 滋 訳	A5判 448頁
数理統計学ハンドブック	豊田秀樹 監訳	A5判 784頁
統計データ科学事典	杉山高一ほか 編	B5判 788頁
統計分布ハンドブック（増補版）	蓑谷千凰彦 著	A5判 864頁
複雑系の事典	複雑系の事典編集委員会 編	A5判 448頁
医学統計学ハンドブック	宮原英夫ほか 編	A5判 720頁
応用数理計画ハンドブック	久保幹雄ほか 編	A5判 1376頁
医学統計学の事典	丹後俊郎ほか 編	A5判 472頁
現代物理数学ハンドブック	新井朝雄 著	A5判 736頁
図説ウェーブレット変換ハンドブック	新 誠一ほか 監訳	A5判 408頁
生産管理の事典	圓川隆夫ほか 編	B5判 752頁
サプライ・チェイン最適化ハンドブック	久保幹雄 著	B5判 520頁
計量経済学ハンドブック	蓑谷千凰彦ほか 編	A5判 1048頁
金融工学事典	木島正明ほか 編	A5判 1028頁
応用計量経済学ハンドブック	蓑谷千凰彦ほか 編	A5判 672頁

価格・概要等は小社ホームページをご覧ください．